土建施工验收技能实战应用图解丛书

脚手架工程施工与验收实战应用图解

本书编委会　编

中国建筑工业出版社

图书在版编目（CIP）数据

脚手架工程施工与验收实战应用图解/《脚手架工程施工与验收实战应用图解》编委会编. —北京：中国建筑工业出版社，2018.3（2022.8重印）
（土建施工验收技能实战应用图解丛书）
ISBN 978-7-112-21688-8

Ⅰ.①脚… Ⅱ.①脚… Ⅲ. ①脚手架-工程施工-图解②脚手架-工程验收-图解 Ⅳ.①TU731.2-64

中国版本图书馆 CIP 数据核字（2017）第 322767 号

本书是土建施工验收技能实战应用图解丛书中的一册，内容共 4 章，包括扣件式钢管脚手架施工与验收；碗扣式钢管脚手架施工与验收；门式钢管脚手架施工与验收；挂、盘扣脚手架施工与验收。本书适合土建施工一线人员参考使用。

责任编辑：张 磊 万 李
责任设计：李志立
责任校对：李美娜

土建施工验收技能实战应用图解丛书
脚手架工程施工与验收实战应用图解
本书编委会 编

*

中国建筑工业出版社出版、发行（北京海淀三里河路 9 号）
各地新华书店、建筑书店经销
霸州市顺浩图文科技发展有限公司制版
北京建筑工业印刷厂印刷

*

开本：787×1092 毫米 1/16 印张：8 字数：195 千字
2018 年 3 月第一版 2022 年 8 月第三次印刷
定价：**25.00** 元

ISBN 978-7-112-21688-8
(31547)

本书编委会

主　　编: 赵志刚　刘　琰

副 主 编: 胡　泊　陈　珑　潘伟峰　朱永茅

参编人员: 方　园　刘　锐　胡亚召　李大炯　谭　达　邢志敏
杨文通　时春超　张院卫　章和何　曾　雄　陈少东
吴　闯　操岳林　黄明辉　殷广建　钱传彬　刘建新
刘　桐　闫　冬　唐福钧　娄　鹏　陈德荣　周业凯
陈　曦　艾成豫　龚　聪　韩　潇　唐国栋

前　言

随着高层建筑和超高层建筑的不断增多，脚手架安全形势更加严峻，重大事故频频发生。建筑施工中，由于方案、施工、监督、验收等失误导致脚手架工程出现一系列安全问题，虽然国家有关部门制定了相应的法律、法规以加强对脚手架施工的管理与约束。但脚手架施工难度大，危险性较高，这对施工管理人员的技术及管理水平提出更高要求。特编写此书，为广大技术与管理人员快速掌握脚手架知识要点，提高自身技能尽绵薄之力。

本书由一线管理人员根据理论和经验所编写，摒弃以往教科书的纯理论知识型讲解，注重理论和实际的结合，章节脉络清晰，前后衔接紧密。

通过学习本书，你会发现以下优点：

(1) 本书以施工工序为条理，以图文并茂的形式展现理论和实践，让初学者快速入门，学而不厌，很快掌握脚手架管理要点。

(2) 本书以规范为基础，实际经验做升华。解析每道工序的重点工作。对以往出现的安全事故进行全面解析，望以后施工中得以重视和避免。

(3) 注重培养应用型实践人才，提高安全意识，加强建筑安全事故预防，提高建筑行业整体管理水平。

本书由北京城建北方建设有限责任公司赵志刚担任主编，由广东重工建设监理有限公司刘琰担任第二主编；由江西建设职业技术学院胡泊、浙江腾升建设有限公司陈珑、大荣建设集团有限公司潘伟峰、瑞安市建设工程质量监督站朱永茅担任副主编。由于编者水平有限，书中难免有不妥之处，欢迎广大读者批评指正，意见及建议可发送至邮箱bwhzj1990@163.com。

目　录

第1章　扣件式钢管脚手架施工与验收

1.1　落地式扣件钢管脚手架施工

1.1.1　前期准备

1. 方案编制

落地式扣件钢管脚手架施工前必须进行结构构件与立杆地基承载力设计计算，并应编制专项施工方案。

编制施工方案应根据本工程施工组织设计、《建筑施工扣件式钢管脚手架安全技术规范》(JGJ 130—2011)、《建筑施工高处作业安全技术规范》(JGJ 80—2016)、《建筑施工安全检查标准》(JGJ 59—2011)、《危险性较大的分部分项工程安全管理办法》(建质【2009】87号）等规程和规范进行；要根据施工图纸、规范要求，结合本工程结构形式、实际施工特点，充分考虑建筑物突出构件的影响和卸料平台、塔吊、施工电梯等以后的安拆问题。在工程概况中要重点介绍危险性较大的脚手架概况。

专项施工方案包括：工程概况（重点介绍危险性较大的脚手架概况）、编制依据、施工计划（包括施工进度计划、材料与设备计划等）、施工工艺技术（包括技术参数、工艺流程、施工方法、检查验收等）、施工安全保障措施（包括组织保障、技术保障、应急预案、监测监控等）、劳动力计划（包括专职安全生产管理人员、特种作业人员等）、计算书及相关图纸。

编制施工方案要充分考虑现场实际情况，对于进场的钢管要进行现场检验，要求生产厂家出具材质报告，根据材质报告确定进场钢材属于什么材质，是Q235还是Q195的一定要确定清楚，因为它们的轴心力是不一样的。新进场钢管应由材料员通知技术、质检和施工班组进行自检，根据现行国家标准《低压流体输送用焊接钢管》(GB/T 3091—2015)、《直缝电焊钢管》(GB/T 13793—2016）规定：$\phi48.3\times3.6$的钢管，管径外径允许偏差±0.5mm，壁厚允许偏差±10%，即：±3.6×10%＝±0.36mm；所以，外径允许范围为47.8～48.8mm；壁厚允许范围为3.24～3.96mm；所以现场要对每一批次进场钢管，使用游标卡尺进行外径和壁厚的检查，测量是否符合规范要求，不符合要求的进行退场处理，做好退场记录。自检合格后，填写自检验收记录，由质检报监理进行验收，抽检数量为3%。

通过现场实际核对钢管壁厚，掌握现场第一手数据，根据实际数据进行设计计算。专项施工方案要经过审核与审批后才能组织施工。

落地式扣件钢管脚手架全景如图1-1所示，检查钢管壁厚如图1-2所示，不合格材料退场记录表见表1-1。

图 1-1　落地式扣件钢管脚手架全景图

图 1-2　检查钢管壁厚

不合格材料退场记录表　　　　**表 1-1**

工程名称				施工单位	
监理单位				建设单位	
材料名称		规格(批次)		数量	
处理内容					
监理单位(签字盖章)		材料供应商(签字盖章)		施工单位(签字盖章)	

2. 材料准备

根据专项施工方案和施工图纸计算出工程量提取材料计划，根据施工进度计划确定材料进场时间，也要考虑扣件需要做复试的时间，计划中要明确材料品种、规格、材质、数量、进场时间等，构配件材料进场后应码放整齐，存放地点不宜距架体搭设场地过远。

钢管码放如图 1-3 所示。

新进场的材料需要进行检查和验收：

脚手架租赁企业应提供营业执照、检测报告等质量证明文件，并对构配件质量负责。构配件进入施工时，施工单位应进行检查和验收。

钢管应有产品质量合格证，应有质量检验报告，钢管表面应平直光滑，不应有裂缝、结疤、分层、错位、硬弯、毛刺、压痕和深的划痕，并应涂有防锈漆，应对钢管外径、壁厚、端面等的偏差进行检查，每根钢管的最大质量不应大于 25.8kg。使用游标卡尺检查钢管外

图 1-3　钢管码放

径，外径允许偏差为±0.5mm，钢管的规格宜为 48.3mm×3.6mm，壁厚最小值不应小于 3.24mm。使用塞尺和拐角尺检查钢管两端面切斜允许偏差为 1.7mm。对钢管锈蚀检查应每年检查一次，检查时，应在锈蚀严重的钢管中抽取三根，在每根锈蚀严重的部位横向截断取样用游标卡尺检查，当锈蚀深度超过 0.18mm 时不得使用。对钢管使用钢板尺检查弯曲情况要符合下列要求：(1) 钢管端部弯曲小于等于 1.5m 时允许偏差为 5mm。(2) 立杆钢管长度大于 3m 小于等于 4m 时允许偏差为 12mm，长度大于 4m 小于等于 6.5m 时允许偏差为 20mm。(3) 水平杆、斜杆的钢管小于等于 6.5m 时允许偏差为 30mm。

扣件进场时应有生产许可证、法定检测单位的测试报告和产品质量合格证，并应对其外观进行检查：(1) 扣件各部位不应有裂纹、变形、螺栓出现滑丝。(2) 扣件表面凸（或凹）的高（或深）值不应大于 1mm。(3) 扣件与钢管接触部位不应有氧化皮，其他部位氧化皮面积累计不应大于 $150mm^2$。(4) 铆接处应牢固，不应有裂纹。(5) 活动部位应灵活转动，旋转扣件两旋转面间隙应小于 1mm。(6) 产品的型号、商标、生产年号应在醒目处铸出，字迹、图案应清晰完整。(7) 扣件表面应进行防锈处理（不应采用沥青漆），油漆应均匀美观，不应有堆漆或露铁。进场扣件需要进行抽样复试（力学性能检测）。螺栓、垫圈为扣件的紧固件，在螺栓拧紧力矩达到 65N·m 时，扣件本体、螺栓、垫圈均不得发生破坏。

对扣件进行现场随机抽样，委托具有资质的检测单位进行抗滑性能、抗破坏、抗拉、抗压力学性能检测。

每批扣件必须大于 280 件。当批量超过 10000 件时，超过部分应做另一批抽样。每批取样数量依次为旋转扣件取 8 个，对接扣件取 8 个，直角扣件取 16 个。试验中公称外径为 48.3mm、壁厚为 3.5mm 的钢管，其外表面应均匀涂覆红丹漆，并应在油漆干燥后进行试验。每做一次试验，扣件应移动一个紧固位置。试验时，在横管上的直角扣件、旋转扣件的盖板与座之间的开口应向上。扣件试验时的紧固螺栓的扭力矩应为 40N·m。扣件进行各项负荷试验时，加荷速度应控制在 300～400N/s，试验中总荷载应包括预加荷载。

(1) 抗滑性能试验

扣件在做抗滑性能试验时，当施于横管上（扣件两侧）竖向等速增加的荷载 P 达到规定值时，测量位移值 Δ_1 和 Δ_2，在预加荷载 P 为 1kN 时，将位移测量仪表调整到零点。

当 P 增加至 7.0kN 时，记下 Δ_1 值，当 P 增加至 10.0kN 时，记下 Δ_2 值。直角扣件和旋转扣件的抗滑性能检测要求 $\Delta_1 \leqslant 7.0$mm、$\Delta_2 \leqslant 0.5$mm 时为合格。

注：扣件的两个圆弧面均应进行试验。

（2）抗破坏性能试验

抗滑性能试验后，未损坏的扣件可用做抗破坏性能试验。此时，应在扣件下部附加一个防滑支承垫。当 P 为 25.0kN 时，扣件各部位不得破坏。旋转扣件抗破坏性能要求在 P 为 17.0kN 时，各部位不会有破坏。

注：试验只做一个圆弧面。

（3）扭转刚度性能试验

扣件安装在两根相互垂直的钢管上（1 根横管，1 根竖管），横管长 2000mm 以上，在距中心 1000mm 处的横管上加荷载 P，在无荷载端距中心 1000mm 处测量横管位移值 f，在预加荷载 P 为 20kN 时，将测量仪表调整到零点。第一级加荷 80N，然后以每 100N 为一级加荷直至加荷到 900N。在每级荷载下应立即记录测读值 f。直角扣件扭转刚度的性能要求在力矩为 900N · m 时，$f \leqslant 70.0$mm 及角度≤4 度为合格。

（4）对接扣件抗拉性能试验

扣件承受等速增加的轴向拉力，测量位移值，当预加荷载 P 为 1kN 时，将测量仪器表调整到零点，然后继续加荷。当 P 增加至 4kN 时，记下位移值。对接扣件的抗拉性能要求在抗拉 P=4.0kN 时，位移值要小于等于 2.0mm 为合格。

对钢管脚手架扣件做力学性能试验如图 1-4 所示。

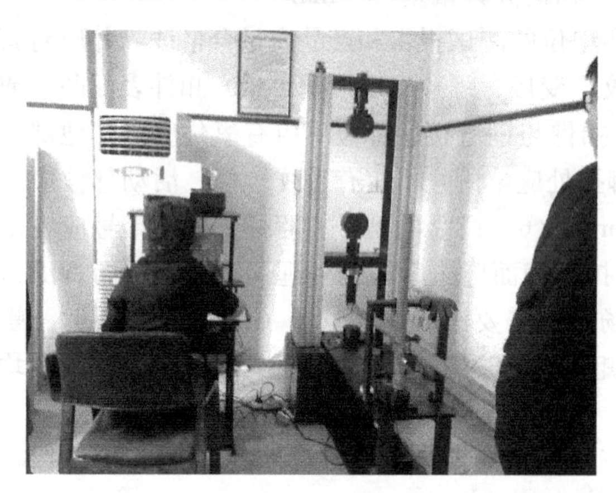

图 1-4　对钢管脚手架扣件做力学性能试验

冲压钢脚手板进场要有产品质量合格证，新旧脚手板均应涂防锈漆，并应有防滑措施，脚手板不得有裂纹、开焊与硬弯，对于板长小于等于 4m 的用钢板尺检查板面挠曲允许偏差为 12mm，板长大于 4m 的用钢板尺检查板面挠曲允许偏差为 16mm，板面扭曲（任一角翘起）允许偏差为 5mm，单块脚手板的质量不宜大于 30kg。

木脚手板进场需要检查木脚手板材质和尺寸，脚手板材质应符合现行国家标准《木结构设计规范》（GB 50005—2003）中Ⅱ$_a$ 级材质规定。脚手板厚度不应小于 50mm，两端宜各设置直径不小于 4mm 的镀锌钢丝箍两道，腐朽的不得使用，单块脚手板的质量不宜大于 30kg。

进场材料经检验合格的构配件应按品种、规格码放整齐、平稳，堆放场地不得有积水，做好防锈蚀、防腐蚀措施。减少二次搬运。

3. 人员准备

根据专项施工方案和施工图纸计算出工程量，根据进度计划要求，计划操作人员数量。架子工属于特种作业人员需要经过有关部门培训，考试合格取得特种作业操作证持证上岗。

架子工作业操作资格证如图 1-5 所示。

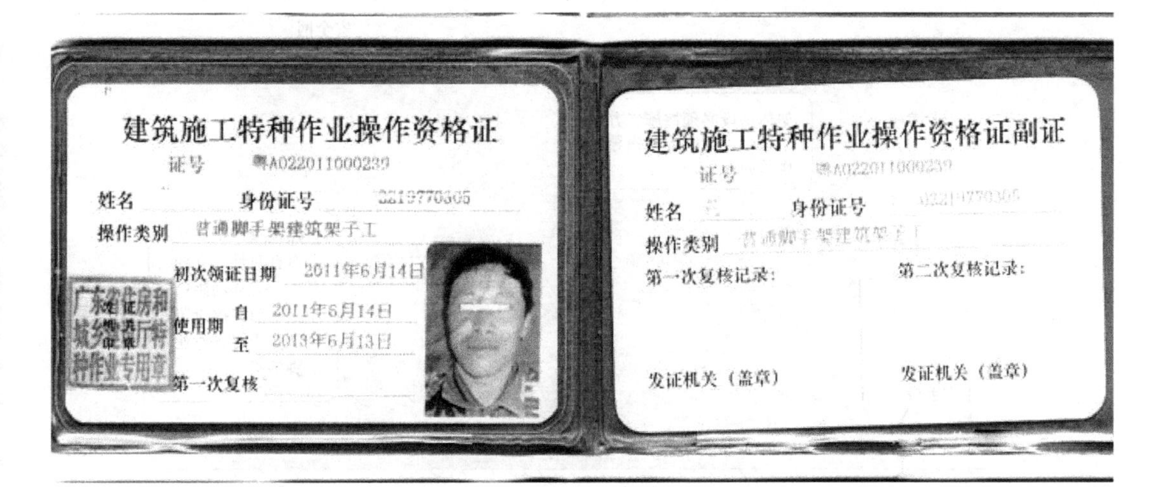

图 1-5　架子工作业操作资格证

架子工进场需要组织三级安全教育由公司、项目经理部、施工班组三个层次的安全教育，是工人进场前必备的过程，属于施工现场实名制管理的重要一环，也是工地管理中的核心部分之一，三级安全教育不能走形式，将人员安全培训教育的结果和人员的出入施工现场权限进行联动管理，人员只有在满足培训合格的条件后才能够获得门禁权限。人员的培训记录可查，培训教育的测试试卷结果可扫描备案，并可生成各类汇总报表。三级安全教育要有执行制度，培训计划，三级教育内容、时间及考核结果要有记录。公司教育内容：国家和地方有关安全生产的方针、政策、法规、标准、规范、规程和企业的安全规章制度等（每年不少于 24 学时培训）；项目经理部教育内容：工地安全制度、施工现场环境、工程施工特点及可能存在的不安全因素等（每年不少于 24 学时培训）；施工班组教育内容：本工种的安全操作规程、事故安全剖析、劳动纪律和岗位讲评等（每年不少于 16 学时培训，如发生重大安全事故，要及时组织安全教育活动）。

操作人员三级教育培训完，要进行考试，考试合格才能上岗作业。

三级教育做完还需要根据施工条件、结构特点、施工方案对所有参加作业人员进行技术交底，让每一位作业人员了解施工要求和质量标准，并且在技术交底上签字表示技术交底内容已经清楚。在技术交底后还要根据现场环境、工程特点对所有参加作业人员进行安全交底，让每一位作业人员明白作业时危险源、采取的安全措施，以及不采取安全措施的后果。提高作业人员的安全意识，并且让每一位作业人员明白要求后进行签字。技术交底和安全交底必须符合现场实际情况，有针对性。

1.1.2　落地扣件式钢管脚手架施工

1. 作业前准备

根据施工方案确定出立杆纵距和横距，确定出纵向水平杆的步距和连接方式、连墙件竖向间距和水平间距、剪刀撑是连续布置还是间隔布置。脚手架施工必须严格按照专项施工方案进行施工。

落地扣件式钢管脚手架立面如图 1-6 所示。

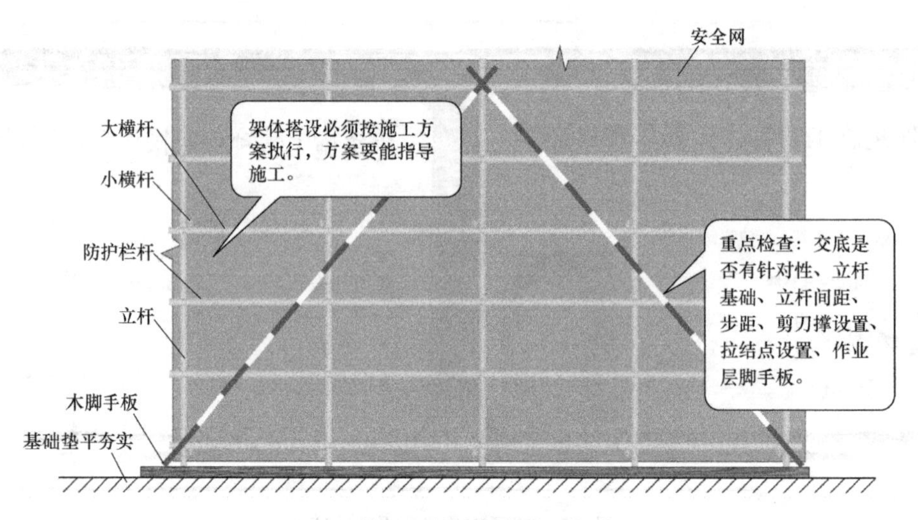

图 1-6　落地扣件式钢管脚手架立面

架子工进行作业时先检查劳保用品是否齐全，劳保用品是否合格，如发现不齐全或劳保用品不合格，可以拒接作业。

脚手架作业人员必须正确使用劳保用品，如：安全帽、安全带、防滑鞋等。

安全帽使用要求：

（1）进入施工现场必须正确佩戴安全帽。

（2）必须扣好下颌带。

（3）安全帽在使用过程中逐渐损坏，要经常进行外观检查。如果发现帽壳与帽衬有异常损伤、裂痕等现象，水平垂直间距达不到标准要求的，不能使用。

（4）安全帽使用期限：从产品制造完成之日计算，塑料的不超过两年半；玻璃钢（维纶钢）的不超过三年半。到期的安全帽要进行抽查测试。

（5）选用与自己头型合适的安全帽，帽衬顶端与帽壳内顶，必须保持 25～50mm 的空间。有了这个空间，才能形成一个能量吸收系统，才能使冲击分布在头盖骨的整个面积上，减轻对头部的伤害。

安全带的使用保管：

（1）超过 2m 高处作业时，须系安全带。

（2）新使用的安全带，必须有产品检验合格证明。安全带在实际使用中高挂低用，注意防止摆动碰撞。安全带长度一般在 1.5～2m，使用 3m 以上长绳应加缓冲器。

（3）不准将绳打结使用。不准将钩直接挂在安全绳上使用，应挂在连接环上用。

（4）安全带上的各种部件不得任意拆掉。要防止日晒雨淋。

（5）存放安全带的位置要干燥、通风良好，不得接触高温、明火、强酸等。

（6）使用频繁的安全带，要经常做外观检查，发现异常时应立即更换。使用期为 3～5 年。

2. 脚手架施工

施工流程：在牢固的地基弹线、立杆定位→摆放扫地杆→竖立杆并与纵向扫地杆扣紧→装扫地横向杆，并与立杆和扫地杆扣紧，装第一步纵向杆并与各杆扣紧→安第一步横向杆→安第二步纵横向杆→加设临时斜撑杆，上端与第二步纵向杆扣紧（装设连接杆后拆除）→

安第三、四步纵向杆和横向杆→安装第一步连墙件→接立杆→加设剪刀撑→铺设脚手板，绑扎防护及挡脚板、立挂安全网。

脚手架搭设如图 1-7 所示。

图 1-7　脚手架搭设

（1）基层处理、施工放线、底座和垫板安放

脚手架地基与基层的施工，必须根据脚手架所受荷载、搭设高度、搭设场地土质情况与现行国家标准《建筑地基基础工程施工质量验收规范》（GB 50202—2002）的有关规定进行承载力验算，当脚手架立杆支撑在混凝土结构构件上时，应按照现行国家标准《混凝土结构设计规范》（GB 50010—2010）的有关规定对混凝土结构构件进行承载力验算。现场施工严格按专项方案要求进行地基处理，脚手架的搭设场地应平整、坚实，并应有防、排水措施，并在脚手架基础上设置排水沟，沿建筑物周围连续设置，立杆垫板或底座底面标高宜高于自然地坪 50～100mm。脚手架基础经验收合格后，应按专项施工方案的要求放线定位，拉线定出每根立杆位置和底座、垫板位置线。保证立杆成排，角度方正。

脚手架底部应铺设通长脚手板，搭设高度大于 30m 时宜增设专用底座。底座和垫板均应准确地放在定位线上，垫板应采用长度不少于 2 跨、厚度不小于 50mm、宽度不小于 200mm 的木垫板。脚手架坐落在后浇带、采光井等孔洞上时，脚手架底部宜采用型钢横梁支承；型钢横梁的规格应计算确定。

脚手架基础如图 1-8 所示，脚手架基础硬化、脚手板铺设、放线如图 1-9 所示。

（2）立杆、纵横向扫地杆搭设

落地双排扣件式钢管脚手架架体构造应满足表 1-2 的要求。

周边脚手架应从一个角部开始向两边延伸交圈搭设，“一”字形脚手架应从一端开始向另一端延伸搭设，按定位依次竖起立杆，立杆布置时一定要考虑接头位置的错开，立杆采用对接接长时，立杆的对接扣件应交错布置，两根相邻立杆的接头不应设置在同步内，同步内隔一根立杆的两个相隔接头的高度方向错开不宜小于 500mm，各接头中心至主节点的距离不宜大于步距的 1/3，所以在开始竖立杆时就需要根据专项施工方案有关参数，用不同长度的钢管，如：6m、4m、3m 等长度的钢管进行错开布置，实行有效控制接头位置。

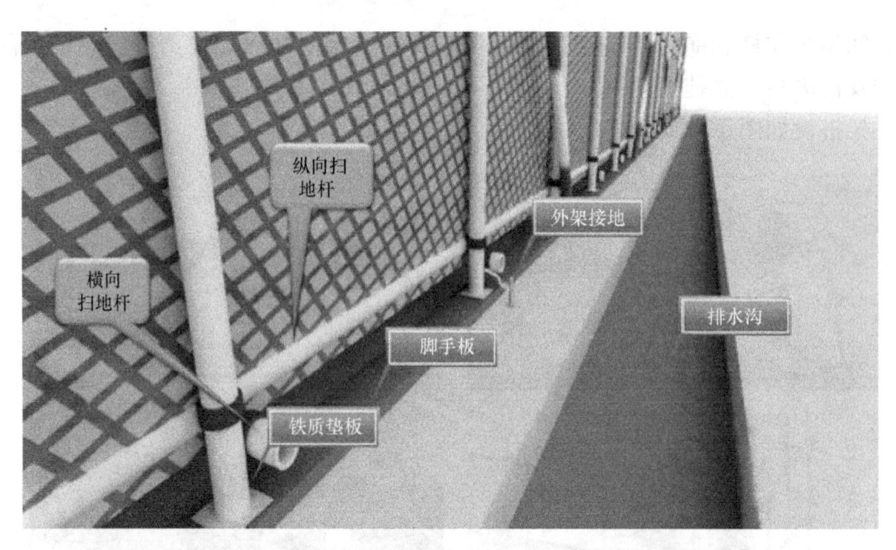

图 1-8　脚手架基础

图 1-9　脚手架基础硬化、脚手板铺设、放线

落地双排扣件式钢管脚手架架体构造　　　　**表 1-2**

搭设高度 H	$H \leqslant 24$m	24m$< H \leqslant$35m	35m$< H \leqslant$50m		50m 及以上
立杆横距 l_b	≤1.05m	≤1.05m	≤1.05m	≤1.05m	采用双立杆、分段卸荷等方法，并另行计算
立杆纵距 l_a	≤1.5m	≤1.5m	≤1.5m	≤1.2m	
立杆步距 h	≤1.8m	≤1.8m	≤1.5m	≤1.8m	
连墙件	3 步 3 跨	2 步 3 跨	2 步 3 跨	2 步 3 跨	
钢丝绳保险措施（绳径 15.5mm）	—	—	在架体约 2/3 高度主节点处每四跨、架体转角以及架体开口主节点等部位设置一道		

注：风荷载地面粗糙度按 C 类（有密集建筑群的城市市区）考虑，其他风荷载另行计算。

立杆连接要求如图 1-10 所示。

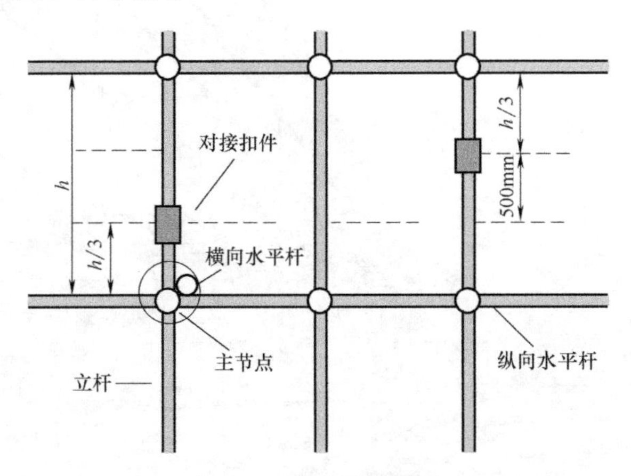

图 1-10　立杆连接要求

脚手架底部主节点处应设置纵横向扫地杆，将立杆与纵、横向扫地杆连接固定，纵向扫地杆应采用直角扣件固定在距钢管底端不大于 200mm 处的立杆上。横向扫地杆应采用直角扣件固定在紧靠纵向扫地杆下方的立杆上。脚手架立杆基层不在同一高度上时，必须将高处的纵向扫地杆向低处延长两跨与立杆固定，高低差不应大于 1m。靠边坡上方的立杆轴线到边坡的距离不应小于 500mm，且脚手架底层步距不得大于 2m。

扫地杆设置如图 1-11 所示。

图 1-11　扫地杆设置

装设第一步的纵向和横向平杆，随校正立杆垂直度之后予以固定，在未设置连墙件前，应每隔 6 跨设置一根抛撑，直至连墙件安装稳定后，方可根据情况拆除，以确保构架稳定和架上工作人员的安全。

抛撑设置如图 1-12 所示。

脚手架立杆除顶层顶步外，其余各层各步接头必须采用对接扣件连接。当立杆在顶层顶步采用搭接接长时，搭接长度不应小于 1m，采用 2 个旋转扣件固定（现场尽量采用 3 个旋转扣件进行固定），端部扣件盖板的边缘至杆端距离不应小于 100mm。

立杆顶端必须高出作业层 1.5m。立杆搭设完成后栏杆宜高出女儿墙上端 1m，宜高出

图 1-12　抛撑设置

檐口上端 1.5m。

立杆顶端搭设要求如图 1-13 所示。

大于1m
立杆接长除顶层顶步可采用搭接外，其余各部位接头必须采用对接扣件连接，立杆搭接长度不应小于1m，并应采用不少于2个旋转扣件固定。
脚手架立杆顶端宜高出女儿墙上端1m，宜高出檐口上端1.5m。

图 1-13　立杆顶端搭设要求

（3）纵向水平杆搭设

纵向水平杆严格按专项施工方案要求的步距和要求进行搭设。对于使用的脚手板不同分为两种搭设位置：一种是当使用木脚手板、冲压钢脚手板、竹串片脚手板时，纵向水平杆应作为横向水平杆的支座；一种是当使用竹串片脚手板时，纵向水平杆应采用直角扣件固定在横向水平杆上，并应等间距设置，间距不应大于 400mm。

纵向杆置于立柱的内侧，用直角扣件与立杆扣紧，单根杆长度不应小于 3 跨。纵向杆采用对接扣件连接，也可采用搭接连接。其接头交错布置，不在同步同跨内。相邻接头水平距离不小于500mm，各接头距立柱距离不大于纵距的1/3，所以每步的纵向水平管也需要使用不同长度的钢管进行错开连接，以满足接头位置要求。当采用搭接连接时，搭接长度不应小于1m，应等间距设置3个旋转扣件固定，端部扣件盖板边缘至搭接纵向水平杆杆端的距离不应小于100mm。一根纵向杆的两端水平高差不允许超过±20mm，同跨内两根纵向水平杆高差不允许超过±10mm。在封闭型脚手架的同一步中，纵向水平杆应四周交圈。

在大角的位置，纵向水平管伸出立杆边长度不得小于100mm，为达到整齐、美观要求，纵向水平管伸出端要统一尺寸。

纵向水平杆对接接头布置如图1-14所示。

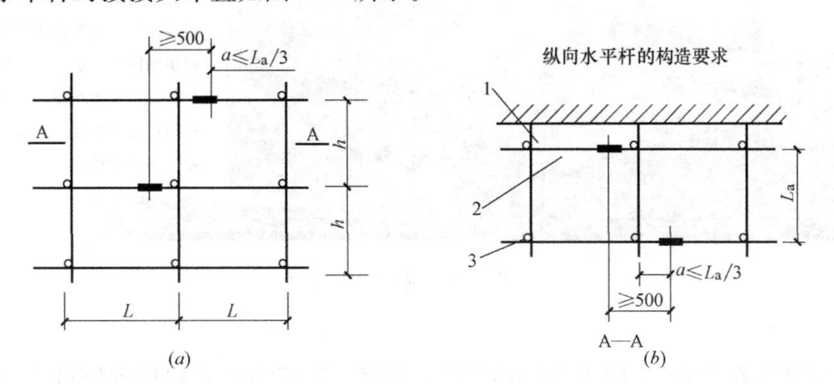

图1-14　纵向水平杆对接接头布置

（a）接头不在同步内（立面）；（b）接头不在同跨内（平面）

1—立杆；2—纵向水平杆；3—横向水平杆

（4）横向水平杆搭设

横向水平杆根据专项方案中的立杆横距和两端伸出外架端的长度，确定用多长的钢管。如：专项方案中立杆横距为1.05m，伸出外架挂网面0.1m，伸出靠建筑结构面0.4立杆横距及0.5m取小值的规定，就可算出横向水平杆的最大长度为：1.05＋0.1＋0.4×1.05＝1.57m，最小长度1.05＋0.1＋0.1＝1.25m，所以可以在1.25和1.57中根据工程特点及施工难易程度选择横向水平杆的长度。

横向水平杆搭设当使用冲压钢脚手板、木脚手板、竹窜片脚手板时，双排脚手板的横向水平杆两端均应采用直角扣件固定在纵向水平杆上，单排脚手架的横向水平杆的一端应采用直角扣件固定在纵向水平杆上，另一端应插入墙内，插入长度不应小于180mm；当使用竹笆脚手板时，双排脚手架的横向水平杆两端，应用直角扣件固定在立杆上，单排脚手架的横向水平杆的一端，应用直角扣件固定在立杆上，另一端插入墙内，插入墙内长度不小于180mm；作业层上非主节点处的横向水平杆，宜根据支承脚手板的需要等间距设置，最大间距不应大于纵距的1/2。

主节点处必须设置一根横向水平杆，用直角扣件扣接且严禁拆除。

横向水平管如图1-15所示。

（5）剪刀撑和横向斜撑搭设

剪刀撑与横向斜撑搭设应根据专项方案的要求去设置，是全立面连续设置还是间隔设置，每道剪刀撑的宽度和角度、连接方式及搭接长度等要求要在技术交底中让每一位操作

横向水平杆设置时不能缺少且必须与纵向水平杆用扣件相连，杆件连接接头不能在同步同跨内，层间防护栏杆及密目网封闭严密，构配件材质符合规范要求，通道位置及搭设合理。

图 1-15　横向水平管

人员熟悉。

当搭设高度在 24m 以下时，应在脚手架外侧立面两端由底到顶连续设置剪刀撑，剪刀撑之间的净距不应大于 15m。当搭设高度在 24m 及以上时，应在脚手架外侧立面整个长度和高度方向连续设置剪刀撑。每道剪刀撑宽度不应小于 4 跨，且不应小于 6m，斜杆与地面的倾角应在 45°～60°之间，每道剪刀撑与地面的倾角为 45°时，剪刀撑跨越立杆的最多根数为 7 根；剪刀撑与地面的倾角为 50°时，剪刀撑跨越立杆的最多根数为 6 根；剪刀撑与地面的倾角为 60°时，剪刀撑跨越立杆的最多根数为 5 根。剪刀撑斜杆的接长应采用搭接或采用对接扣件连接，采用搭接时搭接长度不小于 1m 并不应少于 2 个扣件固定(通常情况采用 3 个扣件进行固定)，端部扣件盖板的边缘至杆端距离不应小于 100mm。

开口型双排脚手架的两端均必须设置横向斜撑，横向斜撑应在同一节间，由底至顶层呈“之”字形连续布置。脚手架在塔吊、电梯、物料提升机、卸料平台等需要断开处，除设置连墙件外还应设置横向斜撑。

剪刀撑钢管应该用旋转扣件固定在与之相交的横向水平杆的伸出端或立杆上，旋转扣件中心线至主节点的距离不应大于 150mm。剪刀撑和斜撑底端一定不能悬空，必须和垫板顶紧。

剪刀撑如图 1-16 所示。

(6) 连墙件

根据专项方案确定的竖向间距和水平间距，从底层第一排纵向水平杆处开始设置，连墙件在第一步设置有困难时，为防止脚手架倾覆，应采用抛撑进行临时固定，连墙件的安装应随脚手架搭设同步进行，不得滞后安装，当单、双排脚手架施工操作层高出相邻连墙件以上 2 步时，应采取确保脚手架稳定的临时拉结措施，直到上一层连墙件安装完毕后再根据情况拆除。优先采用菱形布置，或采用方形、矩形布置，连墙杆应呈水平设置，当不能水平设置时，应向脚手架一端下斜连接，当架高超过 40m 且有风涡流作用时，应采取

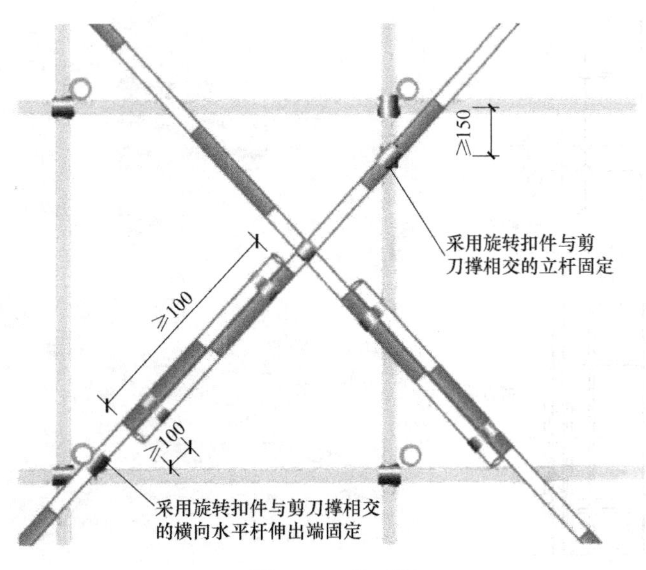

图 1-16　剪刀撑

抗上升翻流作用的连墙措施。

在连墙件施工中，连墙杆材料必须采用可承受拉力和压力的构造，对高度 24m 以上的双排脚手架，应采用刚性连墙件与建筑物连接（现场施工一般采用和立杆、横杆同材料的钢管）。连接中需要采用符合抗滑要求的扣件（看复试报告）。开口型脚手架的两端必须设置连墙件，连墙件的垂直间距不应大于建筑物的层高，并且不应大于 4m。

连墙件安装中应靠近主节点设置，因只有连墙件在主节点附近方能有效地阻止脚手架发生横向弯曲失稳或倾覆，若远离主节点设置连墙件，因立杆的抗弯作用较差，将会由于立杆产生局部弯曲，减弱甚至起不到约束脚手架横向变形的作用，所以偏离主节点的距离不应大于 300mm。

连墙件连接可以采取抱柱方式。也可以在墙体相应位置预埋塑料管，连墙钢管一端穿过预埋塑料管，紧靠墙的两面设置扣件，连杆另一端与纵向水平管或立杆相连接，进行脚手架和主体结构的固定。如遇门窗洞口边墙时，应用水平管与脚手架和主体结构固定牢靠，在墙梁侧设置水平钢管（最少在内侧设置钢管，在外侧用十字卡固定）与主体脚手架固定。遇到无柱、墙、窗位置应在楼板混凝土浇筑时，在楼板混凝土内预埋 $\phi20\sim\phi25$ 的钢筋或钢管，留出楼板面长度不少于 200mm，在混凝土达到一定强度后，用水平钢管与脚手架的内外水平杆（或立杆）和钢筋进行固定，为防止钢筋与卡子固定不牢，必须用木楔楔紧。

连墙件与墙柱连接如图 1-17 所示，连墙件与楼板连接如图 1-18 所示。

连墙件属于脚手架的重要构件，并且在施工过程中很容易被工人拆除，特别在装修阶段。所以在安全教育时要让工人明白连墙件的重要性。管理人员需要加强现场连墙件的检查，对拆下的及时进行恢复。

(7) 脚手板

根据专项施工方案确定脚手板材质及铺设层数（一般作业层有几层，脚手板就满铺几层），脚手端部必须使用 1.2mm 的镀锌钢丝捆绑不少于 2 道。脚手板铺设应铺满、铺稳、铺实，对于冲压钢脚手板、木脚手板、竹串片脚手板应设置在 3 根横向水平杆上（就是在

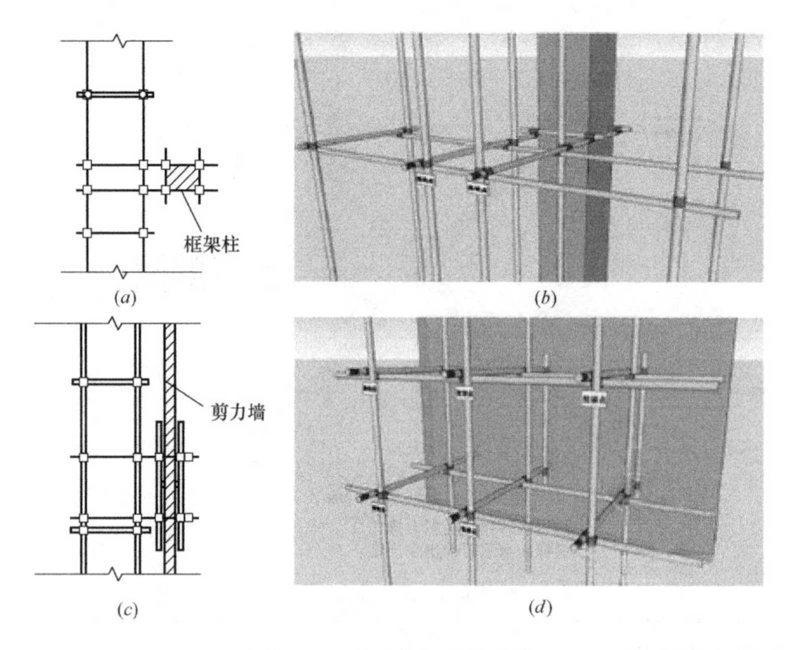

图 1-17　连墙件与墙柱连接

(a) 与框架柱的连接（平面图）；(b) 连墙件与框架柱的连接效果图；
(c) 与结构墙体连接（立面图）；(d) 连墙件与结构墙体的连接效果图

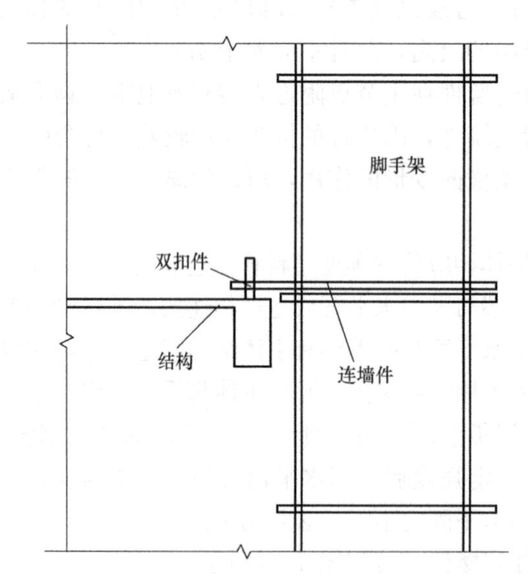

图 1-18　连墙件与楼板连接

立杆纵距中间再设置 1 根横向水平杆)，并在两端 80mm 处上口放 1 根钢筋两端用直径 1.2mm 的镀锌钢丝箍绕 2～3 圈固定。当脚手板长度小于 2m 时，可采用两根横向水平杆支撑，但应将脚手板两端与横向水平杆可靠固定，严防倾翻。当采用竹笆脚手板应按其主竹筋垂直于纵向水平杆方向铺设，且应对接平铺，四个角应用直径不小于 1.2mm 的镀锌钢丝固定在纵向水平杆上。

脚手板的铺设可以采用对接平铺与搭接铺设。脚手板对接平铺时，接头处应设两根横向水平杆，脚手板外伸长度应取 130～150mm，两块脚手板外伸长度的和不应大于 300mm，脚手板搭接铺设时，接头应支在横向水平杆上，搭接长度不应小于 200mm，其伸出横向水平杆的长度不应小于 100mm。脚手板采用挂扣式定型脚手板时，其两端挂扣必须可靠地接触支承横杆并与其扣紧。

脚手板对接和搭接铺设如图 1-19 所示。

作业层端部脚手板探头长度应取 150mm，其板的两端均应用直径 3.2mm 的镀锌钢丝固定于支承杆上。在拐角、斜道平台处的脚手板，应用镀锌钢丝固定在横向水平杆上，防止滑动。

脚手板固定如图 1-20 所示。

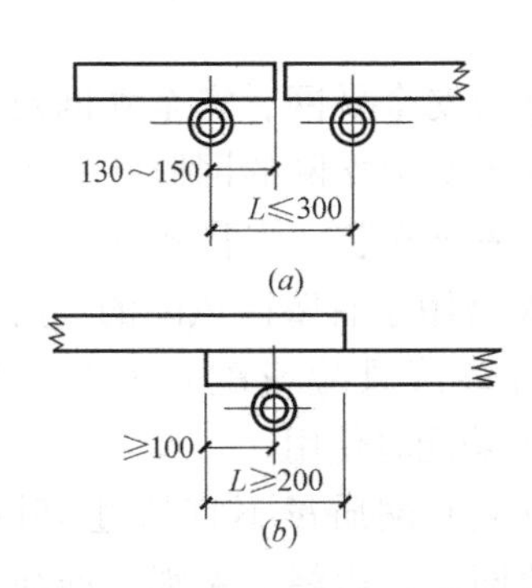

图 1-19　脚手板对接和搭接铺设

图 1-20　脚手板固定

脚手板应铺设牢靠，作业层脚手板与建筑物之间的空隙大于 150mm 时应做全封闭，防止人员和物料坠落。并应用安全平网双层兜底，施工层以下每隔 10m 应用安全平网封闭。

安全平网如图 1-21 所示。

图 1-21　安全平网

（8）栏杆与挡脚板

栏杆与挡脚板均应搭设在外立杆的内侧，上栏杆上皮高度应为 1.2m，中栏杆应居中设置，挡脚板高度不应小于 180mm。

栏杆和挡脚板如图 1-22 所示。

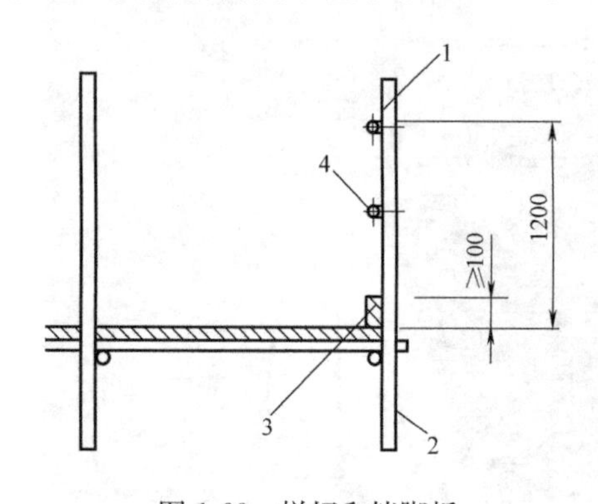

图 1-22　栏杆和挡脚板
1—顶栏杆；2—立杆；3—挡脚板；4—中间栏杆

（9）安全网

安全网按功能分为安全平网、安全立网及密目式安全立网。密目式安全立网的网眼孔径不大于 12mm，垂直于水平面安装。密目式安全立网分为 A 级和 B 级，A 级用于有坠落风险的场所使用的，B 级用于没有坠落风险或配合安全立网（护栏）完成坠落保护功能时使用。

安全网单张平（立）网质量不宜超过 15kg。平（立）网上所用的网绳、边绳、系绳、筋绳均应不小于 3 股单绳制成。绳头部分应经过编花、燎烫处理，不应散开。平（立）网的网目形状应为菱形或方形，其网目边长不应大于 8cm。平（立）网的系绳与网体应牢固连接，各系绳沿网边均匀分布，相邻两系绳间距不应大于 75cm，系绳长度不小于 80cm。当筋绳加长用做系绳时，其系绳部分必须加长，且与边绳系紧后，再折回边绳系紧，至少形成双根。平（立）网如有筋绳，则筋绳分布应合理，平网上两根相邻筋绳的距离不应小于 30cm。平（立）网还要进行耐冲击性能测试，平网冲击高度为 7m，立网冲击高度为 2m，网绳、边绳、系绳不断裂，测试重物不应接触地面且网体撕裂形成的孔洞不应大于 200mm×50mm 为合格。还要进行耐候性测试。安全网必须具有阻燃性，其纵、横方向续燃、阻燃时间均不应大于 4s，新安全网必须有产品合格证书，旧安全网必须有允许使用的证明书或有合格的检验记录（现场承载力合格性试验）。

密目式安全网的网目密度不低于 800 目/100cm^2。缝线不应有跳针、漏缝，缝边应均匀。每张密目网允许有一个缝接，缝接部位应端正牢固。网体上不应有断纱、破洞、变形及有碍使用的编织缺陷。密目网各边缘部位的开眼环扣应牢固可靠。密目网的宽度应介于 1.2～2m。长度由合同双方协议条款指定，但最低不应小于 2m。开眼环扣孔径不应小于 8mm。网眼孔径不应大于 12mm。

脚手架外侧应采用密目式安全网做全封闭，密目式安全网应可靠固定在架体上绷紧、绑牢。在每个系结点上，边绳应与支撑物（架）靠紧，并用 1 根独立的绳系连接，系结点沿网边均匀分布，其结点间的距离符合专项施工方案的要求（如：不大于 750mm）。系绳结点牢固又易解，以受力后不会散脱为准。不得用钢丝绳代替系绳。当多张网连接使用时，相邻部分应靠紧或重叠，连接系绳的材质与网绳相同。立网随脚手架及时搭设，立网底部必须与脚手架全部封严。

落地式扣件钢管脚手架密目网全封闭如图 1-23 所示。

（10）钢丝绳

搭设高度大于 35m 的双排脚手架应采用钢丝绳保险体系，钢丝绳不得参与受力计算。保险钢丝绳上拉结点可采用预埋直径不小于 20mm 的钢筋锚环或穿梁、抱梁、抱墙、背

图 1-23　落地式扣件钢管脚手架密目网全封闭

钢管等拉结方式。

1.1.3　落地扣件式钢管脚手架检查与验收

1. 脚手架阶段性检查与验收

在下列情况下需要组织检查与验收：基层完工后及脚手架搭设前；作业层上施加荷载前；每搭设完 6～8m 高度后；达到设计高度后；遇到六级强风及以上风或大雨后，冻结地区解冻后；脚手架停用超过 1 个月时。

检查脚手架应根据专项施工方案及变更文件、技术交底等文件进行。

脚手架使用中应定期检查以下内容：基础是否有不均匀沉降，立杆底座与基础面的接触有无松动或悬空；杆件的设置和连接，连墙件、支撑、门洞桁架等的构造是否符合专项施工方案要求；脚手架的立杆纵距和横距、纵向水平杆的步距是否符合专项施工方案要求，立杆纵距检查如图 1-24 所示；扣件螺栓有无松动；立杆的沉降与垂直度的偏差是否符合要求；开挖管沟是否影响架体地基与基础的承载力；安全防护措施是否符合要求；是

图 1-24　落地式脚手架立杆纵距检查

否超载。脚手架在使用过程中应设专人定期对架体的变形和位移情况进行观察。高度在24m以上的双排、满堂脚手架，其立杆的沉降不超过10mm，使用经纬仪或吊线和卷尺检查垂直度偏差应符合表1-3所列的脚手架允许水平偏差；时刻关注架体上有无超载现象。

脚手架允许水平偏差（mm） **表1-3**

搭设中检查偏差的高度(m)	总高度		
	50m	40m	20m
$H=2$	±7	±7	±7
$H=10$	±20	±25	±50
$H=20$	±40	±50	±100
$H=30$	±60	±75	
$H=40$	±80	±100	
$H=50$	±100		

最后验收立杆垂直度（20～50m），允许偏差不大于±100mm。采用扭力扳手检查扣件螺栓拧紧扭力矩，可以采用随机分布原则进行抽取，抽样检查数目与质量判定标准，按扣件拧紧抽样检查数目及质量判定标准确定，不合格的应重新拧紧至合格（表1-4）。

扣件拧紧抽样检查数目及质量判定标准 **表1-4**

项次	检查项目	安装扣件数量(个)	抽检数量(个)	允许的不合格数量(个)
1	连接立杆与纵(横)向水平杆或剪刀撑的扣件;接长立杆、纵向水平杆或剪刀撑的扣件	51～90	5	0
		91～150	8	1
		151～280	13	1
		281～500	20	2
		501～1200	32	3
		1201～3200	50	5
2	连接横向水平杆与纵向水平杆的扣件(非主节点处)	51～90	5	1
		91～150	8	2
		151～280	13	3
		281～500	20	5
		501～1200	32	7
		1201～3200	50	10

扣件需要使用力矩扳手进行检查，扣件拧紧力矩达到40～65N·m为合格。

扣件拧紧力矩检查如图1-25所示。

2. 脚手架最后检查与验收

脚手架搭设完成以后，由项目负责人组织技术、安全及监理等相关人员进行验收，验收合格签字后方可使用。验收时专项方案及落地式钢管脚手架验收表见表1-5，去现场对比现场施工质量，验收时提出违反施工方案的构造措施，形成验收记录及验收意见。验收

图 1-25　扣件拧紧力矩检查

合格进行签字，验收不合格针对验收意见，及时进行整改，整改完毕进行自检，自检合格进行第二次验收。验收合格在脚手架上悬挂脚手架验收合格牌如图 1-26 所示，才能进行使用。

落地式钢管脚手架验收表　　　　**表 1-5**

<table>
<tr><td colspan="2">工程名称</td><td></td><td>搭设日期</td><td></td><td>验收日期</td><td></td></tr>
<tr><td colspan="2">架体用途</td><td colspan="2">□结构　　□ 装修</td><td>验收部位</td><td colspan="2"></td></tr>
<tr><td>序号</td><td>验收项目</td><td colspan="2">验收内容</td><td>验收结果</td><td colspan="2">验收记录</td></tr>
<tr><td rowspan="2">1</td><td rowspan="2">方案</td><td colspan="2">有专项安全施工组织设计并经上级审批，针对性强，能指导施工</td><td>□ 符合
□ 整改后符合</td><td colspan="2"></td></tr>
<tr><td colspan="2">有专项安全技术交底</td><td>□ 符合
□ 整改后符合</td><td colspan="2"></td></tr>
<tr><td rowspan="3">2</td><td rowspan="3">材质</td><td colspan="2">钢管脚手架外径一致，且材质符合标准规范要求</td><td>□ 符合
□ 整改后符合</td><td colspan="2"></td></tr>
<tr><td colspan="2">扣件材质符合标准规范要求</td><td>□ 符合
□ 整改后符合</td><td colspan="2"></td></tr>
<tr><td colspan="2">脚手板材质符合设计或规范要求</td><td>□ 符合
□ 整改后符合</td><td colspan="2"></td></tr>
<tr><td rowspan="2">3</td><td rowspan="2">基础</td><td colspan="2">基础应平整夯实，承载力必须符合设计要求</td><td>□ 符合
□ 整改后符合</td><td colspan="2"></td></tr>
<tr><td colspan="2">有良好排水措施且无积水</td><td>□ 符合
□ 整改后符合</td><td colspan="2"></td></tr>
<tr><td>4</td><td>架体与建筑物拉结</td><td colspan="2">脚手架立杆必须用连墙件与建筑物可靠连接。当架高在 7m 以下暂不能设置连墙件时，可搭设抛撑，抛撑每 6 跨设置一道，并与地面成 45°～60°夹角</td><td>□ 符合
□ 整改后符合</td><td colspan="2"></td></tr>
</table>

续表

序号	验收项目	验收内容	验收结果	验收记录
4	架体与建筑物拉结	脚手架连墙件的布置：符合设计要求，且水平间距小于6m，竖向间距小于4m	□ 符合 □ 整改后符合	
		高度在24m以下的双排脚手架宜采用刚性连墙件与建筑物可靠连接，或采用拉筋与顶撑配合使用的附墙连接方式	□ 符合 □ 整改后符合	
		高度在24m以上的双排脚手架必须采用刚性连墙件与建筑物可靠连接	□ 符合 □ 整改后符合	
		连墙件的拉筋应采用直径4mm的钢丝拧成双股使用或采用不小于6mm的钢筋	□ 符合 □ 整改后符合	
5	杆件间距	立杆横距纵距应符合规定要求	□ 符合 □ 整改后符合	
6	剪刀撑	24m以下单、双排脚手架两端外侧应设置剪刀撑，并由底部至顶部连续设置，中间相邻剪刀撑净距不大于15m	□ 符合 □ 整改后符合	
		24m以上双排脚手架整个长度和高度方向应设置连续剪刀撑	□ 符合 □ 整改后符合	
		斜杆与地面成45°～60°夹角	□ 符合 □ 整改后符合	
		剪刀撑搭接长度应大于1m，固定扣件应不少于3个。每道剪刀撑搭设宽度应大于4跨，且大于6m	□ 符合 □ 整改后符合	
		一字形、开口形脚手架两端及高度在24m以上的封闭型脚手架的拐角应设置横向斜撑，中间每隔6跨设置一道	□ 符合 □ 整改后符合	
7	脚手板与防护栏杆	架体外立杆内侧应用密目式安全网封严	□ 符合 □ 整改后符合	
		作业层脚手板应铺满、铺稳，有固定措施，不得有探头板，离开墙面120～150mm	□ 符合 □ 整改后符合	
		自顶层作业层开始向下每隔12m满铺一层脚手板	□ 符合 □ 整改后符合	
		作业层外侧设置高1.2m和0.6m的双道防护栏杆及18cm高的挡脚板	□ 符合 □ 整改后符合	
8	杆件搭接	立杆对接扣件应交错布置，相邻立杆的接头不应设在同步内，同步内隔1根立杆的两根相隔接头错开的距离应大于500mm；各接头中心至主节点的距离不宜大于步距的1/3	□ 符合 □ 整改后符合	

续表

序号	验收项目	验收内容	验收结果	验收记录
8	杆件搭接	纵向水平杆可采用对接或搭接。对接扣件应交错布置，不宜设在同步（跨）内，不同步（跨）相邻接头错开距离应大于纵距的1/3	□ 符合 □ 整改后符合	
		主节点处必须设置1根横向水平杆。横向水平杆伸出内立杆长度应不大于500mm，端头至墙面的距离不宜大于100mm	□ 符合 □ 整改后符合	
		纵向水平杆每根杆两端高差不应超过±20mm，同跨内高差不应超过±10mm。步距、横距偏差不超过±20mm，纵距偏差不超过±50mm	□ 符合 □ 整改后符合	
		立杆总垂直度偏差不超过±100mm	□ 符合 □ 整改后符合	
9	其他验收项目		□ 符合 □ 整改后符合	
验收签字栏	使用单位全称		使用单位验收人	
	总包单位全称		安全交底人	
	组织实施人		工程经理	
	专职安全员		其他人员	
	安装单位全称		安装单位验收人	
验收意见	□ 验收合格，同意使用。 □ 经复查合格，同意使用。 项目总工：　　年　月　日			
备注	1.“验收结果”栏内，一次验收合格的，在“符合”对应□内打“√”，初次验收不合格，经整改后验收合格的，在“整改后符合”对应□内打“√”。 2.“验收记录”栏内，填写验收的实际情况如量化记录等。 3.“安全交底人”是指项目部负责进行安全技术交底的技术人员；“组织实施人”是指项目部负责该项工作的工程管理人员（如工长等）；“其他人员”指其他参与验收的项目、甲方、监理等人员。 4. 本表一式三份，安装单位、使用单位、项目部各存一份。			

1.1.4 落地扣件式钢管脚手架拆除

1. 拆除准备

脚手架使用完后，需要对其进行拆除，达到快速周转材料、节约成本的目的。脚手架在拆除前必须全面检查脚手架的扣件连接、连墙件、支撑体系是否符合构造要求。根据检查结果补充施工方案中拆除规定和措施，经批准后方可实施。应清除脚手架上的其他材料、杂物及地面障碍物。拆除架体上的临时用电线等。

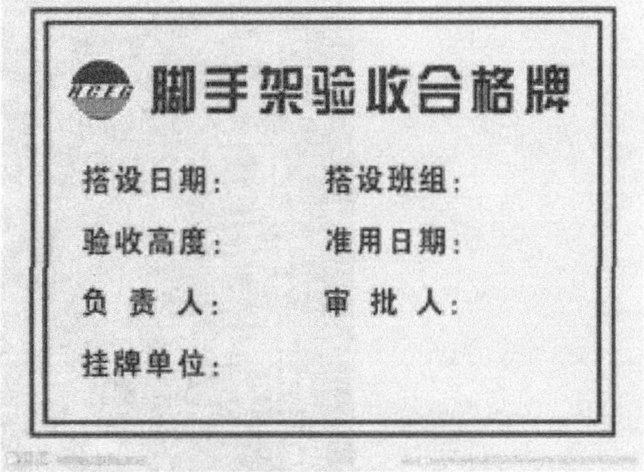

图1-26　脚手架验收合格牌

2. 拆除施工

拆除施工前根据补充施工方案，对架子工进行技术安全交底工作，让所有参加作业人员了解拆除顺序及需要注意的事项。拆除作业应设专人指挥，当有多人同时操作时，应明确分工、统一行动，且应有足够的操作面。为防止高空坠物，现场需要拉警戒线，并且安全管理人员必须现场进行旁站监督。

拆除作业必须由上而下逐层进行，严禁上下同时作业。连墙件是保证架体在拆除中不倾覆的重要构造，所有连墙件必须随脚手架逐层拆除，严禁先将连墙件整层或数层拆除后再拆脚手架。当采用分段拆除法时，高差不应大于 2 步。如高差大于 2 步时，应增设连墙件进行加固。当采用分立面拆除法（此方法一般不建议采用）时，对于不拆除的脚手架两端，应按规定设置连墙件和横向斜撑进行加固。当脚手架拆至下部最后 1 根立杆的高度（约 6.5m）时，应先在适合的位置搭设临时抛撑脚骨后，再拆除连墙件。拆下的材料严禁抛掷至地面，应采取上下传递的方式或采用卸料平台进行卸料。

拆下的材料运至地面应按要求及时进行检查、整修与保养，并应按品种、规格分别按规定场地码放整齐进行存放。

脚手架拆除如图 1-27 所示，脚手架拆除材料倒运如图 1-28 所示。

图 1-27　脚手架拆除

图 1-28　脚手架拆除材料倒运

1.2 悬挑式扣件钢管脚手架

1.2.1 前期准备

悬挑脚手架从结构承力形式上可分为挑梁式、挑拉式、挑撑式、撑拉结合式四类。悬挑式外挑脚手架，它有构造简单、操作方便、减少钢管的投入量、节约人工费、加快地下结构防水施工、不占用场地等优点，且建筑物越高越经济。可是由于各施工单位管理人员的理念和标准的差异，搭设出来的效果也截然不同。在实施过程中把“外脚手架搭设工艺”和施工现场文明施工结合起来，做到外脚手架立面整洁美观，标语醒目，标识清楚。为创建文明工地创造条件，同时以文明施工推动工程质量创优。

挑撑式悬挑脚手架如图 1-29 所示。

图 1-29 挑撑式悬挑脚手架

1. 方案编制

考虑到施工工期、质量和安全要求，故在选择方案时，应充分考虑以下几点：架体的结构设计，力求做到结构要安全可靠，造价经济合理；在规定的条件下和规定的使用期限内，能够充分满足预期的安全性和耐久性；选用材料时，力求做到常见通用、可周转利用，便于保养维修；结构选型时，力求做到受力明确，构造措施到位，搭拆方便，便于检查验收；脚手架的搭设，还必须符合《建筑施工安全检查标准》要求。结合以上脚手架设计原则，同时结合本工程的实际情况，综合考虑以往的施工经验。

根据工程具体情况、规范要求、施工组织设计等编制脚手架专项施工方案。悬挑脚手架专项施工方案包括搭设条件及周边环境、使用要求（围护、承重、最大使用荷载、离墙间距等）、搭设范围（规模）（架体高度在 20m 及以上的悬挑式脚手架需要专家认证）、挑梁设置部位建筑标高、脚手架高度、立杆间距、水平杆步距、连墙件等参数，悬挑脚手架的悬挑支承结构设置要经过设计计算确定，不可随意布设，设置原则：悬挑梁间距按悬挑架架体立杆纵距设置，每一纵距设置 1 根。在编制平面布置图时要根据结构图和建筑图纸考虑悬挑架的支撑构件在有柱和转角部位的布置，支撑结构需要避开柱的位置和考虑转角部位支撑构件布置不开等问题，还要考虑施工电梯、塔吊及卸料平台的位置，并在平面布置图上预留足够的宽度，便于今后安装和使用。

计算书应有架体、挑梁、钢索、吊环、压环、预埋件、焊缝及建筑结构的承载能力的设计计算书及卸荷方法详图，并要绘制架体与建筑物拉结详图、现场杆件立面图、平面布置图、剖面图及节点详图，说明挑梁、钢索、吊环、压环、预埋件、焊缝的设计要求。

图 1-30　悬挑脚手架外立面

编制施工方案要充分考虑现场实际情况，对于进场的钢管要进行现场检验，要求生产厂家出具材质报告，实际核对钢管壁厚，掌握现场第一手数据，根据实际数据进行设计计算。专项施工方案要经过审核与审批后才能组织施工。

悬挑脚手架外立面如图 1-30 所示。

2. 材料准备

根据专项施工方案、施工进度计划和施工图纸计算出工程量提取材料计划，材料计划进场时间要考虑扣件需要做复试的时间，计划中要明确材料品种、规格、材质、数量、进场时间等。

（1）工字钢的长度按专项方案经过计算确定。假如用槽钢要焊接定位桩和加劲内撑，并涂刷防锈漆，待晾干后将其堆放整齐备用。

（2）准备好足够的钢管（6m、4m、3m、2m 等），进行除锈并刷上油漆晾干后架空堆放整齐。注意钢管上严禁打孔。

（3）还要准备直角扣件、对接扣件、旋转扣件。

（4）钢丝绳、绳卡、圆钢、外架专用的脚手板、绿色密目安全网、白色水平兜网、扎丝竹跳板、竹胶板（为节约开支，可采用配模后剩余的边角料，减少投入）、色带、企业宣传标语、宣传标志，黄色、蓝色油漆等材料。

新进场的材料需要进行检查和验收：

（1）悬挑脚手架的支撑构件，以工字钢为例；工字钢进场需要检查型钢的包装是否完整，质量证明文件是否齐全，型钢外观表面不应有裂纹、折叠、结疤、分层和夹杂。型钢不应有大于 5mm 的毛刺。型钢表面不允许有局部发纹、凹坑、麻点、刮痕、氧化皮压入等缺陷存在。型钢表面缺陷允许清除，清除处应圆滑无棱角，但不应进行横向清除，清除宽度不应小于清除深度的 5 倍。

还要核对型钢的型号、高度、腿宽、腰厚、弯腰挠度、长度、弯曲度、外缘斜度等参数。

型钢悬挑式脚手架型钢型号选用应满足表 1-6 的要求。

工字钢进场检查合格，需要对工字钢进行刷漆防锈处理，分类码放整齐备用。

对于槽钢作为型钢支撑，要加设加劲内撑，间距按照专项施工方案要求设置，进行刷漆防锈处理，分类码放整齐备用。

槽钢要求如图 1-31 所示。

型钢悬挑式脚手架型钢型号选用　　表 1-6

L_1(m) \ H(m)	工字钢梁选用型号			
	2kN/m²		3kN/m²	5kN/m²
	<10	10～20	<20	<20
1.50	16 号	16 号	16 号	18 号
1.75	16 号	18 号	18 号	20a 号
2.00	18 号	20a 号	20a 号	22a 号
2.25	18 号	20a 号	22a 号	25a 号
2.50	20a 号	22a 号	25a 号	25a 号
2.75	22a 号	25a 号	25a 号	28a 号
3.00	22a 号	25a 号	28a 号	28a 号

注：每个钢梁上设置两根立杆设计。

图 1-31　槽钢要求

（2）钢管应有产品质量合格证，应有质量检验报告，钢管表面应平直光滑，不应有裂缝、结疤、分层、错位、硬弯、毛刺、压痕和深的划痕，并应涂有防锈漆，应对钢管外径、壁厚、端面等的偏差进行检查，每根钢管的最大质量不应大于 25.8kg。使用游标卡尺检查钢管外径，外径允许偏差为±0.5mm，钢管壁厚允许偏差为±0.36mm。使用塞尺和拐角尺检查钢管两端面切斜允许偏差为 1.7mm。对钢管锈蚀检查应每年检查一次，检查时，应在锈蚀严重的钢管中抽取 3 根，在每根锈蚀严重的部位横向截断取样用游标卡尺检查，当锈蚀深度超过 0.18mm 时不得使用。对钢管使用钢板尺检查弯曲情况要符合下列要求：钢管端部弯曲小于等于 1.5m 时允许偏差为 5mm；立杆钢管长度大于 3m 小于等于 4m 时允许偏差为 12mm，长度大于 4m 小于等于 6.5m 时允许偏差为 20mm；水平杆、斜杆的钢管小于等于 6.5m 时允许偏差为 30mm。

检查合格后，为使整体脚手架美观，需要对钢管进行除锈刷漆处理，具有防锈和美观的作用，分类码放整齐。

机器刷色杆、码放整齐如图 1-32 所示。

图 1-32　机器刷色杆、码放整齐

（3）扣件进场时应有生产许可证、法定检测单位的测试报告和产品质量合格证，并应对其外观进行检查：扣件各部位不应有裂纹、变形，螺栓不应出现滑丝；扣件表面凸（或凹）的高（或深）值不应大于 1mm；扣件与钢管接触部位不应有氧化皮，其他部位氧化皮面积累计不应大于 150mm^2；铆接处应牢固，不应有裂纹；活动部位应灵活转动，旋转扣件两旋转面间隙应小于 1mm；产品的型号、商标、生产年号应在醒目处铸出，字迹、图案应清晰完整；扣件表面应进行防锈处理（不应采用沥青漆），油漆应均匀美观，不应有堆漆或露铁。进场扣件需要进行抽样复试以检测力学性能。螺栓、垫圈为扣件的紧固件，在螺栓拧紧力矩达到 65N・m 时，扣件本体、螺栓、垫圈均不得发生破坏。进场扣件检查如图 1-33 所示。

图 1-33　进场扣件检查

（4）冲压钢脚手板进场要有产品质量合格证，新旧脚手板均应涂防锈漆，并应有防滑措施，脚手板不得有裂纹、开焊与硬弯，对于板长小于等于 4m 的用钢板尺检查板面挠曲允许偏差为 12mm，板长大于 4m 的用钢板尺检查板面挠曲允许偏差为 16mm，板面扭曲（任一角翘起）允许偏差为 5mm，单块脚手板的质量不宜大于 30kg。

冲压钢脚手板如图 1-34 所示。

图 1-34　冲压钢脚手板

（5）木脚手板进场需要检查木脚手板材质和尺寸，脚手板材质应符合现行国家标准《木结构设计规范》（GB 50005—2003）中 II_a 级材质规定。脚手板厚度不应小于 50mm，两端宜各设置直径不小于 4mm 的镀锌钢丝箍两道，腐朽的脚手板不得使用，单块脚手板的质量不宜大于 30kg。

进场材料经检验合格的构配件应按品种、规格码放整齐、平稳，堆放场地不得有积水，做好防锈蚀、防腐蚀措施。减少二次搬运。

木脚手板码放如图 1-35 所示。

图 1-35　木脚手板码放

3. 人员准备

根据专项施工方案和施工图纸计算出工程量，根据进度计划要求，计划操作人员数量。架子工属于特种作业人员需要经过有关部门培训，考试合格取得特种作业操作证持证上岗。

架子工进场需要组织三级安全教育，有公司、项目经理部、施工班组三个层次的安全教育，是工人进场前必备的过程，属于施工现场实名制管理的重要一环，也是工地管理中的核心部分之一，三级安全教育不能走形式，将人员安全培训教育的结果和人员的出入施工现场权限进行联动管理，人员只有在满足培训合格的条件后才能够获得门禁权限。人员的培训记录可查，培训教育的测试试卷结果可扫描备案，并可生成各类汇总报表，三级安全教育要有执行制度，培训计划、三级教育内容、时间及考核结果要有记录。公司教育内容：国家和地方有关安全生产的方针、政策、法规、标准、规范、规程和企业的安全规章制度等（每年不少于 24 学时培训）；项目经理部教育内容：工地安全制度、施工现场环境、工程施工特点及可能存在的不安全因素等（每年不少于 24 学时培训）；施工班组教育内容：本工种的安全操作规程、事故安全剖析、劳动纪律和岗位讲评等（每年不少于 16 学时培训，如发生重大安全事故，要及时组织安全教育活动）。

操作人员三级教育培训完，要进行考试，考试合格才能上岗作业。

1.2.2　悬挑式扣件钢管脚手架施工

1. 作业前准备

根据施工方案确定出工字钢或槽钢的规格尺寸、立杆纵距和横距，确定纵向水平杆的步距和连接方式，确定连墙件竖向间距和水平间距，确定剪刀撑布置要求。脚手架施工必须严格按照专项施工方案进行施工。

根据施工条件、结构特点、施工方案对所有参加作业人员进行技术交底，让每一位作业人员了解施工要求和质量标准，并且在技术交底上签字表示技术交底内容已经清楚。在技术交底后还要根据现场环境、工程特点对所有参加作业人员进行安全交底，让每一位作业人员明白作业时危险源、采取的安全措施，以及不采取安全措施的后果。提高作业人员的安全意识，并且让每一位作业人员明白要求后再签字。技术交底和安全交底必须符合现场实际情况，有针对性。

架子工进行作业时先检查劳保用品是否齐全，劳保用品是否合格，如发现不齐全或劳保用品不合格，可以拒接作业。

脚手架作业人员必须正确使用劳保用品，如：安全帽、安全带、防滑鞋等。

（1）安全帽使用要求

1）进入施工现场必须戴安全帽，且要戴正安全帽。

2）必须扣好下颌带。

3）安全帽在使用过程中逐渐损坏，要经常进行外观检查。如果发现帽壳与帽衬有异常损伤、裂痕等现象，水平、垂直间距达不到标准要求的，不能使用。

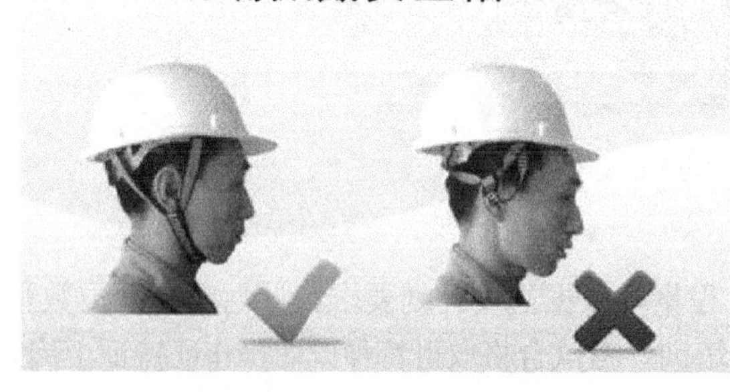

图 1-36　正确佩戴安全帽

4）安全帽使用期限：从产品制造完成之日计算，塑料的不超过两年半；玻璃钢（维纶钢）的不超过三年半。到期的安全帽要进行抽查测试。

5）选用与自己头型合适的安全帽，帽衬顶端与帽壳内顶，必须保持 25～50mm 的空间。有了这个空间，才能形成一个能量吸收系统，才能使冲击分布在头盖骨的整个面积上，减轻对头部的伤害。正确佩戴安全帽如图 1-36 所示。

（2）安全带的使用保管

1）超过 2m 高处作业，须系安全带。

2）新使用的安全带，必须有产品检验合格证明。安全带在实际使用中高挂低用，注意防止摆动碰撞。安全带长度一般在 1.5～2m，使用 3m 以上长绳应加缓冲器。

3）不准将绳打结使用。不准将钩直接挂在安全绳上使用，应挂在连接环上。

4）安全带上的各种部件不得任意拆掉。要防止日晒雨淋。

5）存放安全带的位置要干燥、通风良好，不得接触高温、明火、强酸等。

6）使用频繁的安全带，要经常做外观检查，发现异常时应立即更换。使用期为 3～5 年。

正确佩戴安全带如图 1-37 所示。

图 1-37　正确佩戴安全带

2. 脚手架施工

施工流程：施工准备⟶放线定位⟶预埋圆钢锚环⟶悬挑架的支撑构件安装⟶竖立杆⟶将纵向扫地杆与立杆扣接⟶安装横向扫地杆⟶安装纵向水平杆⟶安装横向水平杆⟶安装连墙件⟶安装剪刀撑⟶扎色带及张挂安全网⟶作业层铺脚手板和挡脚板。

悬挑脚手架必须有项目技术负责人编制切实可行的脚手架专项方案，向施工班组做详细交底和进行入场安全教育后方可作业。

外脚手架搭设坚持先做样板，再由施工方及监理、建设单位共同验收点评，支撑构件设置合理，立杆间距均匀，色泽一致，色带顺直安全网平顺，架体封闭密实，脚手架外立面各大角正直，色带布置均匀。符合要求后才开展大面积施工。

悬挑脚手架样板如图 1-38 所示。

图 1-38　悬挑脚手架样板

（1）放线定位

根据专项施工方案平面布置图，放出悬挑架每根支撑构件的位置，放出圆钢锚环的安装位置。

（2）预埋圆钢锚环

锚环严格按施工方案制作、预埋。锚环的锚固按《混凝土结构设计规范》（GB 50010—2010）的要求进行加工，端部要有弯钩，形钢悬挑梁的锚固段压点应采用不少于2个的预埋U形钢筋拉环或螺栓固定，用于锚固的U形钢筋拉环或螺栓应采用冷弯成型，钢筋直径不应小于16mm。

圆钢锚环预埋如图 1-39 所示，螺栓预埋如图 1-40 所示，螺栓与钢筋拉环锚固如图 1-41所示。

（3）悬挑架的支撑构件安装

型钢悬挑式脚手架架体构造应满足表 1-7 的要求。

图 1-39　圆钢锚环预埋

图 1-40　螺栓预埋

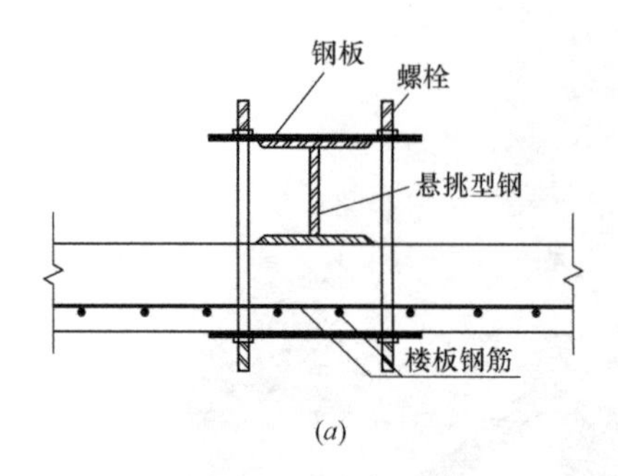

(*a*)

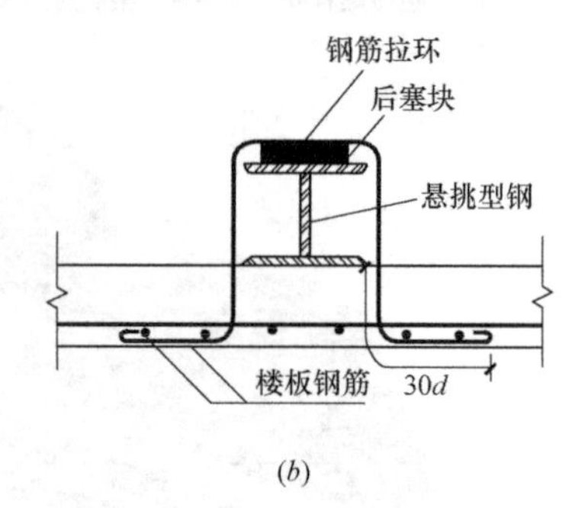

(*b*)

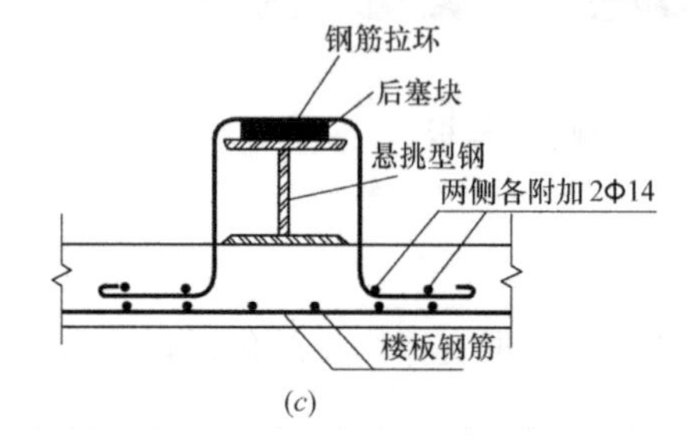

(*c*)

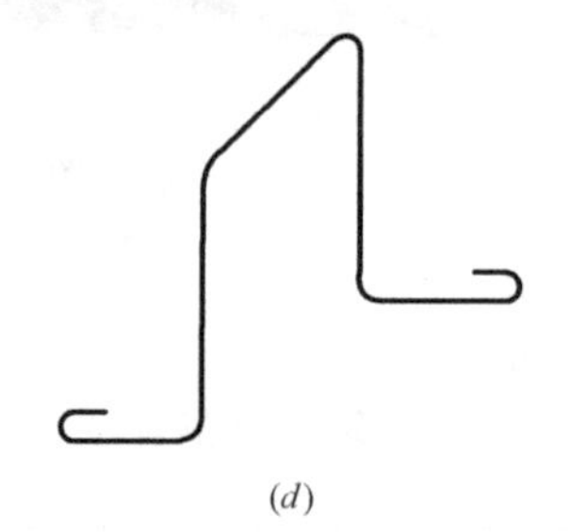

(*d*)

图 1-41　螺栓与钢筋拉环锚固

(*a*) 预埋螺栓固定；(*b*) 钢筋拉环锚固（拉环压在楼板下层钢筋下面）；(*c*) 钢筋拉环锚固（拉环压在楼板下层钢筋下面）；(*d*) 钢筋拉环大样

型钢悬挑式脚手架架体构造　　**表 1-7**

架体所处高度 Z(m)	立杆步距 h(m)	立杆横距(m)	立杆纵距(m)
≤60	≤1.8	≤1.05	≤1.5
60～100	≤1.5	≤1.05	≤1.5

搭设前要把型钢底部水平杆锁定，便于型钢布置。布置型钢时要用尺量，检查每一根型钢外悬挑长度是否一致，确保锚固段和悬挑段长度符合专项施工方案，悬挑钢梁悬挑长

度应按设计确定，固定段长度不应小于悬挑段长度的 1.25 倍。型钢布置完成后，进行拉通线检查并校正外挑长度，确保美观。布置型钢时一定要让开柱位置，一定要有平面布置图，型钢穿剪力墙时，在穿墙洞口位置对型钢用聚苯板包裹做保护处理如图 1-42 所示，便于今后拆除，同时按设计要求设置加强钢筋。

图 1-42　型钢穿剪力墙设置

型钢悬挑梁宜采用双轴对称截面的型钢。悬挑钢梁型号及锚固件应按设计确定，钢梁截面高度不应小于 160mm。悬挑梁尾端应在两处及以上固定于钢筋混凝土梁板结构上，锚固位置设置在楼板上时，楼板的厚度不宜小于 120mm。如果楼板的厚度小于 120mm 应采取加固措施（顶、拉），并且锚固型钢的主体结构混凝土强度等级不得低于 C20，悬挑端应按悬挑跨度起拱 0.5%～1%。

型钢悬挑梁固定端应采用 2 个（对）及以上 U 形钢筋拉环或锚固螺栓与建筑结构梁板固定，U 形钢筋拉环或锚固螺栓应预埋至混凝土梁、板底层钢筋位置，并应与混凝土梁、板底层钢筋焊接或绑扎牢固，其锚固长度应符合现行国家标准《混凝土结构设计规范》（GB 50010—2010）中钢筋锚固的规定。当型钢悬挑梁与建筑结构锚固的压点处楼板未设置上层受力钢筋时，要经过计算在楼板内配置用于承受型钢梁锚固作用引起负弯矩的受力钢筋。悬挑支撑点不得设置在外伸阳台或悬挑楼板上（有加固措施的除外）。

锚固型钢悬挑梁的 U 形钢筋拉环或锚固螺栓直径不宜小于 16mm，宽度宜为 160mm，高度经计算确定。用于锚固的 U 形钢筋拉环或螺栓应采用冷弯成型。U 形钢筋拉环、锚固螺栓与型钢间隙应用钢楔或硬木楔紧。

当形钢悬挑梁与建筑结构采用螺栓钢压板连接固定时，钢压板尺寸不应小于 100mm×10mm（宽×厚），当采用螺栓角钢压板连接时，角钢的规格不应小于 63mm×63mm×6mm（边宽×边宽×边厚）。

倒 U 形锚环存在木楔固定变形大、可靠性差、水平抗力不足，不利于悬挑梁整体稳定性。建议钢梁后端采用倒 U 形锚环，前端采用开口 U 形螺栓，便于钢梁安装和拆除。

型钢悬挑梁悬挑段应设置能使脚手架立杆与钢梁可靠固定的定位点，定位点离悬挑梁端不应小于 100mm。悬挑钢梁间距应按悬挑架体立杆纵距设置，每一纵距设置 1 根。

型钢悬挑式脚手架搭设在非直线（折、弧线）的结构外围时，悬挑梁应垂直于外围面或为径向，架体应按照最大荷载进行设计。

型钢布置如图 1-43 所示。

图 1-43　型钢布置

（4）钢丝绳和钢拉杆

每个型钢悬挑梁外端宜设置钢丝绳或钢拉杆与上一层建筑结构斜拉结，钢丝绳、钢拉杆不参与悬挑钢梁受力计算，钢丝绳与建筑结构拉结的吊环应使用 HPB300 级钢筋，其直径不宜小于 20mm，钢丝绳直径不宜小于 15.5mm。钢丝保险绳每两跨设置 1 道，与上部结构拉结，外墙阳角处、楼梯间、悬挑结构构件等处每个型钢悬挑梁外端应设置钢丝绳与上部结构拉结，钢丝绳的作用位置宜与悬挑结构轴线一致，钢丝绳与预埋钢筋锚环拉结处宜设置钢丝绳梨形环，钢丝绳的水平夹角不小于 45°。

钢丝绳、钢拉杆不得作为悬挑支撑结构的受力构件，即型钢悬挑梁外端设置钢丝绳或钢拉杆与建筑结构拉结并拉紧，是增加悬挑结构安全储备的措施，悬挑型钢按单跨外伸梁计算能独立承载上部全部荷载，钢丝绳作为安全储备，在正常情况下不承担荷载，只是在悬挑型钢由于挠度过大，钢丝绳被张紧的情况下产生拉力，从而改善了型钢的受力状态，提高了悬挑系统的承载能力。

悬挑脚手架钢丝绳紧固示意图如图 1-44 所示。

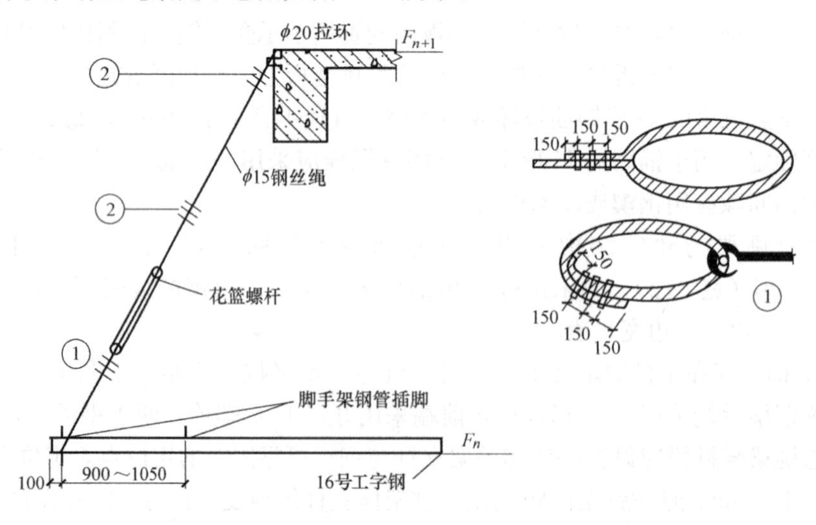

图 1-44　悬挑脚手架钢丝绳紧固示意图

(5) 立杆、纵横向扫地杆的安装

立杆安装根据悬挑架的支撑构件上的定位点进行布置，为了保证立杆安装在一条直线上，也必须拉线布置。若有部分定位点存在偏差，需要进行重新设置和调整。

布置立杆时应从一个角部开始向两边延伸交圈搭设，应按定位依次竖起立杆，立杆布置时一定要考虑接头位置的错开，立杆采用对接接长时，立杆的对接扣件应交错布置，两根相邻立杆的接头不应设置在同步内，同步内隔 1 根立杆的两个相隔接头的高度方向错开不宜小于 500mm，各接头中心至主节点的距离不宜大于步距的 1/3，所以在开始竖立杆时就需要根据专项施工方案有关参数，用不同长度的钢管，如：6m、4m、3m 等长度的钢管进行错开布置，有效控制接头位置。

立杆搭设如图 1-45 所示。

图 1-45　立杆搭设

将立杆与纵、横向扫地杆连接固定，纵向扫地杆应采用直角扣件固定在距钢管底端不大于 200mm 处的立杆上。横向扫地杆应采用直角扣件固定在紧靠纵向扫地杆下方的立杆上，布置方法和接头位置要求同水平杆。

脚手架立杆除顶层顶步外，其余各层各步接头必须采用对接扣件连接。当立杆在顶层顶步采用搭接接长时，搭接长度不应小于 1m，采用 3 个旋转扣件固定，端部扣件盖板的边缘至杆端距离不应小于 100mm。

立杆顶端必须高出作业层 1.5m。立杆搭设完成后栏杆宜高出女儿墙上端 1m，宜高出檐口上端 1.5m。

(6) 纵向水平杆搭设

纵向水平杆严格按专项施工方案要求的步距和要求进行搭设。纵向水平杆（大横杆）设在横向水平杆（小横杆）之下，在立杆内侧，采用直角扣件与立杆扣紧，大横杆长度不宜小于 3 跨，并不大于 6m。

大横杆对接扣件连接、对接连接应符合以下要求：对接接头应交错布置，不应设在同步、同跨内，相邻接头水平距离不应小于 500mm，各接头距立柱距离不大于纵距的 1/3，所以每步的纵向水平管也需要使用不同长度的钢管进行错开连接，以满足接头位置要求并应避免设在纵向水平跨的跨中。

纵向水平杆对接接头布置如图 1-46 所示。

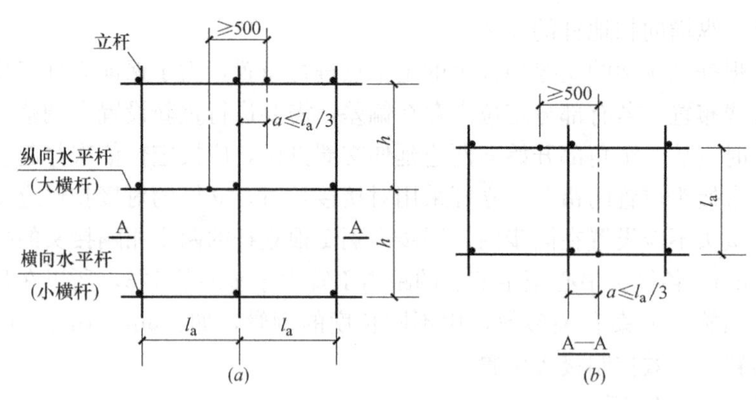

图 1-46　纵向水平杆对接接头布置
(a) 接头不在同步内（立面）；(b) 接头不在同跨内（平面）

架子四周大横杆的纵向水平高差不超过 50mm，同一排大横杆的水平偏差不得大于 1/300，一根杆的两端高差不得超过 20mm。用于纵向水平杆对接的扣件开口，应朝向架子内侧，螺栓向上，避免开口朝上，以免雨水进入，导致扣件生锈、锈腐后强度减弱，所以开口不能朝上。

在大角的位置，纵向水平管伸出立杆边长度不得小于 100mm（现场可以统一出立杆 150mm），为达到整齐、美观要求，纵向水平管伸出端要统一尺寸。

纵向水平杆出立杆如图 1-47 所示。

从转角处向内大横杆，确保
大角整齐外露150mm以内。

图 1-47　纵向水平杆出立杆

(7) 横向水平杆搭设

横向水平杆根据专项方案中的立杆横距和两端伸出外架端的长度，确定用多长的钢管。横向水平杆两端均应采用直角扣件固定在纵向水平杆上或者固定在立杆上。

每一主节点（即立杆、大横杆交汇处）必须设置一小横杆，并采用直角扣件扣紧在立杆上，该杆轴线偏离主节点的距离不应大于 150mm，靠墙一侧的外伸长度不应大于 250mm，外架立面外伸长度以 100mm 为宜。作业层上非主节点处的横向水平杆宜根据支撑脚手板的需要等间距设置。最大间距不应大于立杆间距的 1/2。

主节点处必须设置小横杆如图 1-48 所示。

图 1-48 主节点处必须设置小横杆

（8）剪刀撑和横向斜撑的搭设

脚手架的搭设都是按照相同高度、相同跨度搭设的，立面都是竖向的长方形，当达到一定的高度时支撑效果不好，从力学角度说长方形这个结构不是一个静定的结构。加上一个斜向的支撑，就变成了三角形，即成了一个静定结构。剪刀撑就是脚手架上的斜向支撑。剪刀撑是对脚手架起着纵向稳定作用，加强纵向刚性的重要杆件。

剪刀撑与横向斜撑搭设应根据专项方案的要求去设置，悬挑架外立面剪刀撑应自下而上连续设置。每道剪刀撑宽度不应小于 4 跨，且不应小于 6m，斜杆与地面的倾角应在 45°～60°之间，每道剪刀撑与地面的倾角为 45°时，剪刀撑跨越立杆的最多根数为 7 根；剪刀撑与地面的倾角为 50°时，剪刀撑跨越立杆的最多根数为 6 根；剪刀撑与地面的倾角为 60°时，剪刀撑跨越立杆的最多根数为 5 根。剪刀撑斜杆的接长应采用旋转扣件搭接连接，采用搭接时搭接长度不小于 1m 并采用 3 个扣件固定，端部扣件盖板的边缘至杆端距离不应小于 100mm。

剪刀撑钢管应该用旋转扣件固定在与之相交的横向水平杆的伸出端或立杆上，旋转扣件中心线至主节点的距离不应大于 150mm。剪刀撑和斜杆底端一定不能悬空，必须和悬挑支撑构件顶紧。

悬挑脚手架剪刀撑布置如图 1-49 所示。

图 1-49 悬挑脚手架剪刀撑布置

(9) 连墙件安装

连墙件设置的位置、数量应按专项施工方案确定。连墙件数量的设置除应满足计算要求外还应符合表 1-8 的规定。

连墙件布置最大间距 **表 1-8**

搭设方法	高度(m)	竖向间距 h	水平间距 l_a	每根连墙件覆盖面积(m^2)
双排落地	≤50	$3h$	$3l_a$	≤40
双排悬挑	>50	$2h$	$3l_a$	≤27
单排	≤24	$3h$	$3l_a$	≤40

注：h 为步距；l_a 为纵距。

连墙件应靠近主节点设置，偏离主节点的距离不应大于 300mm。应从底层第一步纵向水平杆处开始设置，当该处设置有困难时，应先采用其他可靠措施固定，以防倾翻。连墙件应优先采用菱形布置或采用方形、矩形布置。连墙件连接可以采取抱柱方式如图1-50所示。也可以在墙体相应位置预埋塑料管，连墙钢管一端穿过预埋塑料管，紧靠墙的两面设置扣件，连杆另一端与纵向水平管或立杆相连接，进行脚手架和主体结构的固定。如遇门窗洞口边墙时，应用水平管与脚手架和主体结构固定牢靠，在墙梁侧设置水平钢管（最少在内侧设置钢管，在外侧用十字卡固定）与主体脚手架固定。遇到无柱、墙、窗位置应在楼板混凝土浇筑时，在楼板混凝土内预埋 $\phi20$～$\phi25$ 的钢筋或钢管，留出楼板面长度不少于 200mm，在混凝土达到一定强度后，用水平钢管与脚手架的内外水平杆（或立杆）和钢筋进行固定，为防止钢筋与卡子固定不牢，必须用木楔楔紧。

图 1-50 连墙件抱柱构造

开口型脚手架的两端必须设置连墙件，连墙件的垂直间距不应大于建筑物的层高，并且不应大于 4m。连墙件中的连墙杆应呈水平设置，当不能呈水平设置时，应向脚手架一端斜连接。

连墙件错误做法如图 1-51 所示。

(10) 转角等特殊部位的措施

上下层外架的转角立杆，在布置槽钢时应特别注意将槽钢上的钢管定位桩与下一层架子的立杆定位桩在同一铅垂线上，确保大角正直。

连墙件离主节点距离超过300mm，只连了内立杆，连接强度不够

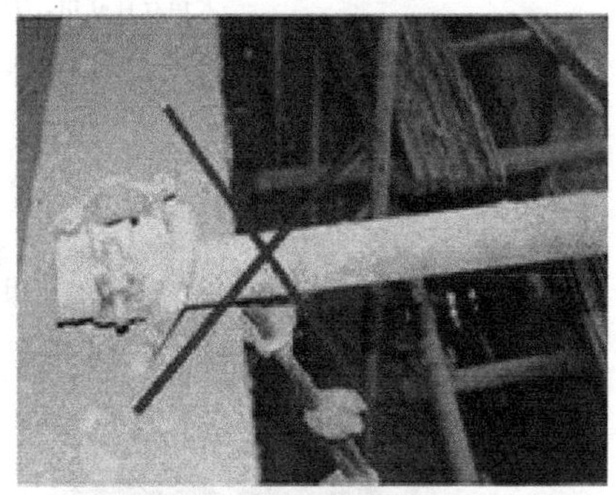

连墙件为柔性连接（24mm 以上高度必须为刚性连接）

连墙件为柔性连接

连墙件为柔性连接

图 1-51　连墙件错误做法

由于转角位置空间有限而型钢较多，可分为带连梁悬挑脚手架和无连梁悬挑脚手架进行设计，若计算有困难可以设计上拉下撑构件。

大角位置可设双立杆，便于绷直安全网。色带绷直、贴平，标语醒目，布置平顺、牢固，做到美观、大方。

悬挑脚手架大角方正如图 1-52 所示，悬挑脚手架大角双立杆布置如图 1-53 所示。

图 1-52　悬挑脚手架大角方正

大角双杆立角，大角正直，安全网转角顺直。
大角设双立杆，用于绷直安全阀。
双杆立角，大角绷直。

图 1-53　悬挑脚手架大角双立杆布置

（11）脚手板铺设

根据专项施工方案确定脚手板材质及铺设层数（一般作业层有几层，脚手板就满铺几层），脚手端部必须使用 1.2mm 的镀锌钢丝捆绑不少于 2 道。脚手板铺设应铺满、铺稳、铺实，对于冲压钢脚手板、木脚手板、竹串片脚手板应设置在 3 根横向水平杆上（就是在立杆纵距中间再设置 1 根横向水平杆），并在两端 80mm 处上口放 1 根钢筋，两端用直径 1.2mm 的镀锌钢丝箍绕 2～3 圈固定。当脚手板长度小于 2m 时，可采用两根横向水平杆支撑，但应将脚手板两端与横向水平杆可靠固定，严防倾翻。当采用竹笆脚手板应按其主竹筋垂直于纵向水平杆方向铺设，且应对接平铺，四个角应用直径不小于 1.2mm 的镀锌钢丝固定在纵向水平杆上。

脚手板的铺设可以采用对接平铺与搭接铺设。脚手板对接平铺时，接头处应设两根横向水平杆，脚手板外伸长度应取 130～150mm，两块脚手板外伸长度的和不应大于 300mm，脚手板搭接铺设时，接头应支在横向水平杆上，搭接长度不应小于 200mm，其伸出横向水平杆的长度不应小于 100mm。脚手板采用挂扣式定型脚手板时，其两端挂扣必须可靠地接触支承横杆并与其扣紧。脚手板搭接要求见表 1-9。

脚手板搭接铺设　　**表 1-9**

剪刀撑斜杆与地面的倾角		45°～60°	图例	角尺
脚手板外伸长度	对接	a=130～150mm l≤300mm	a l≤300	钢卷尺
	搭接	a≥100mm l≥200mm	a l≥200	钢卷尺

作业层端部脚手板探头长度应取150mm，其板的两端均应用直径3.2mm的镀锌钢丝固定于支承杆上。在拐角、斜道平台处的脚手板，应用镀锌钢丝固定在横向水平杆上，防止滑动。

脚手板固定如图1-54所示。

图1-54 脚手板固定

脚手板应铺设牢靠，作业层脚手板与建筑物之间的空隙大于150mm时应做全封闭，防止人员和物料坠落。并应用安全平网双层兜底，施工层以下每隔10m应用安全平网封闭。

安全平网如图1-55所示，外挑平网如图1-56所示。

图1-55 安全平网

图1-56 外挑平网

(12) 安全网

脚手架外侧应采用密目式安全网做全封闭，密目式安全网应可靠固定在架体上绷紧、绑牢。在每个系结点上，边绳应与支撑物(架)靠紧，并用1根独立的绳系连接，系结点沿网边均匀分布，其结点间的距离符合专项施工方案的要求(如：不大于750mm)。系绳结点牢固又易解，以受力后不会散脱为准。不得用钢丝绳代替系绳。当多张网连接使用时，相邻部分应靠紧或重叠，连接系绳的材质与网绳相同。立网随脚手架及时搭设，立网底部必须与脚手架全部封严。

图1-57 悬挑脚手架密目网搭设

悬挑脚手架密目网搭设如图1-57所示。

1.2.3 悬挑式扣件钢管脚手架检查与验收

检查脚手架应根据专项施工方案及规范要求、技术交底等文件由单位负责人组织安全部、技术部、搭设班组等按照分段分层进行检查验收，并填写验收单、合格后方可使用。

脚手架搭设中应定期检查以下内容：悬挑支撑构件有无松动，钢顶撑是否紧，钢丝绳是否松弛，检查全部节点是否锁紧，连墙件、斜杆及安全网等构件设置是否达到要求，脚手架立杆的纵距、横距和纵向水平杆的步距是否符合专项方案的要求，安全防护设施是否按设计和规范设置，是否安全可靠，整架垂直度是否符合要求，荷载是否超过规定。使用经纬仪或吊线和卷尺检查垂直度偏差应符合表1-10的规定；时刻关注架体上有无超载现象。

脚手架允许水平偏差（mm） **表1-10**

搭设中检查偏差的高度(m)	总高度
	20m
$H=2$	±7
$H=10$	±50
$H=20$	±100

立杆横距检查如图1-58所示。

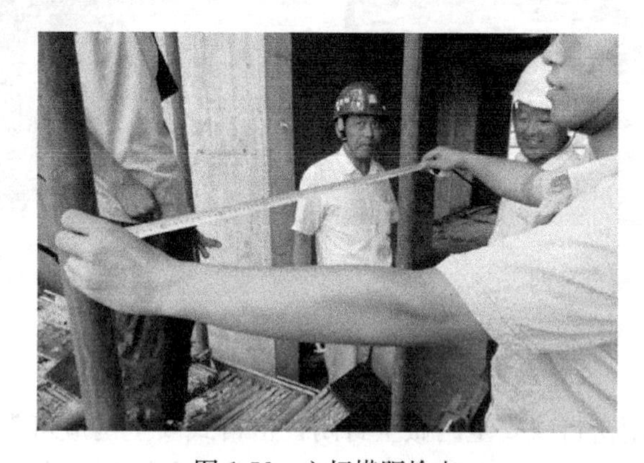

图1-58　立杆横距检查

最后验收立杆垂直度，允许偏差不大于±100mm。采用扭力扳手检查扣件螺栓拧紧扭力矩，可以采用随机分布原则进行抽取，抽样检查数目与质量判定标准，按扣件拧紧抽样检查数目及质量判定标准确定，不合格的应重新拧紧至合格（表1-11）。

扣件拧紧抽样检查数目及质量判定标准 **表1-11**

项次	检查项目	安装扣件数量(个)	抽检数量(个)	允许的不合格数量(个)
1	连接立杆与纵(横)向水平杆或剪刀撑的扣件；接长立杆、纵向水平杆或剪刀撑的扣件	51～90	5	0
		91～150	8	1
		151～280	13	1
		281～500	20	2
		501～1200	32	3
		1201～3200	50	5

续表

项次	检查项目	安装扣件数量(个)	抽检数量(个)	允许的不合格数量(个)
2	连接横向水平杆与纵向水平杆的扣件(非主节点处)	51～90	5	1
		91～150	8	2
		151～280	13	3
		281～500	20	5
		501～1200	32	7
		1201～3200	50	10

扣件需要使用力矩扳手进行检查，扣件拧紧力矩达到40N·m以上为合格。检查扣件拧紧力矩如图1-59所示。

图1-59　检查扣件拧紧力矩

脚手架搭设完成以后，由项目安全员报验监理，由专业监理工程师组织，项目安全员、施工员、质检员、技术负责人参加验收。验收时悬挑式钢管脚手架验收表见表1-12，去现场对比现场施工质量，验收时提出违反施工方案的构造措施，形成验收记录及验收意见。验收合格进行签字，验收不合格针对验收意见，及时进行整改，整改完毕进行自检，自检合格进行第二次验收。验收合格在脚手架上悬挂脚手架验收合格牌如图1-60所示，才能进行使用。

悬挑式脚手架验收表　　**表1-12**

编号：

工程名称		施工单位	
验收部位		搭设高度	

序号	验收项目	验收内容	验收结果
1	施工方案	有专项施工方案，并经审批；架体高度20m及以上的需要专家认证	
		安装前有安全技术交底	
2	材质	型钢悬挑梁宜采用双轴对称截面型钢，应符合现行国家标准；用于固定型钢悬挑梁的U形钢筋拉环或锚固螺栓材质应符合现行国家标准的规定	
		钢管脚手架宜采用符合国家现行标准的ϕ48.3×3.6钢管，每根钢管的最大质量不应大于25.8kg	
		扣件无脆裂、变形、滑丝，在螺栓拧紧力矩达到65N·m时，不得发生破坏	
		钢脚手板的材质应符合现行国家标准；木脚手板厚度不应小于50mm，两端宜各设置直径不小于4mm的镀锌钢丝箍两道；竹脚手板宜采用毛竹或楠竹制作的竹串板、竹笆板	
		安全网应有产品质量合格证、法定检测单位的测试报告，并现场检测试验合格	

续表

<table>
<tr><th>序号</th><th>验收项目</th><th colspan="3">验收内容</th><th>验收结果</th></tr>
<tr><td rowspan="6">3</td><td rowspan="6">基层</td><td colspan="3">悬挑钢梁型号及锚固件应按设计确定钢梁截面高度不应小于160mm</td><td></td></tr>
<tr><td colspan="3">悬挑梁的间距应按悬挑架体立杆纵距设置,每一纵距设置1根</td><td></td></tr>
<tr><td colspan="3">悬挑钢梁悬挑长度应按设计确定,固定段长度不应小于悬挑长度的1.25倍;型钢悬挑梁固定端采用2个及以上U形钢筋拉环或锚固螺栓与建筑物结构梁板固定,U形钢筋拉环或锚固螺栓应预埋至混凝土梁、板底层钢筋位置,并应与底层钢筋焊接或绑扎牢固</td><td></td></tr>
<tr><td colspan="3">锚固型钢悬挑梁的U形钢筋拉环或锚固螺栓直径不宜小于16mm;U形钢筋拉环、锚固螺栓与型钢间隙应用钢楔或硬木楔楔紧</td><td></td></tr>
<tr><td colspan="3">每个型钢悬挑梁外端宜设置钢丝绳或钢拉杆与上一层建筑结构斜拉结;钢丝绳与建筑结构的吊环直径不小于20mm,吊环预埋锚固长度应符合现行国家标准的规定</td><td></td></tr>
<tr><td colspan="3">型钢悬挑梁的悬挑端应设置能使脚手架立杆与钢梁可靠固定的定位点,定位点离悬挑梁端部不应小于100mm</td><td></td></tr>
<tr><td rowspan="5">4</td><td rowspan="5">架体防护</td><td colspan="3">一次悬挑高度不宜超过20m</td><td></td></tr>
<tr><td colspan="3">作业脚手板应满铺、铺稳。有固定措施,不得有探头板,距离墙面120～150mm;底层脚手板应满铺且用安全网兜底</td><td></td></tr>
<tr><td colspan="3">首层架体内连续设置平网,以上至施工层每隔10m设置一道安全平网</td><td></td></tr>
<tr><td colspan="3">架体外立杆内侧应用密目式安全网封闭严密</td><td></td></tr>
<tr><td colspan="3">作业层外侧设置1.2m高的双道防护栏和180mm的挡脚板</td><td></td></tr>
<tr><td rowspan="2">5</td><td rowspan="2">剪刀撑</td><td colspan="3">悬挑架的外立面剪刀撑应按规范自下而上连续设置</td><td></td></tr>
<tr><td colspan="3">剪刀撑斜杆的搭接长度不应小于1m,采用不小于2个旋转扣件固定。每道剪刀撑宽度不应小于4跨,且不应小于6m,水平夹角应在45°～60°之间</td><td></td></tr>
<tr><td>6</td><td>防雷接地</td><td colspan="3">沿脚手架四周设置,可与建筑物连接,接地电阻不大于10Ω</td><td></td></tr>
<tr><td colspan="2">检查结论</td><td colspan="4"></td></tr>
<tr><td colspan="2" rowspan="2">检查人签字</td><td>施工单位(章)</td><td>租赁单位(章)</td><td>安装单位(章)</td><td>使用单位(章)</td></tr>
<tr><td></td><td></td><td></td><td></td></tr>
</table>

验收意见:

监理单位项目监理部
总监理工程师:

年　月　日

1.2.4 悬挑式扣件钢管脚手架拆除

1. 拆除准备

脚手架使用完后，需要对其进行拆除，达到快速周转材料、节约成本的目的。脚手架在拆除前在下方搭设双层安全平网，预防坠落。首层网应为双层，里低外高，里侧用ϕ10钢丝绳与结构（20～30cm每扣距离）连接牢固，外侧与支撑架进行（不大于30cm每扣距离）连接。双层网内侧连在一起，外侧下一层网应高于里侧25cm，上层网与下层之间距离为50～60cm，网不宜绷得太紧。高层网下净空5m严禁堆放物料及设施，多层网下净空3m，严禁堆放物料及设施。支撑架要牢固稳定，支撑架根部应设1.2m高防护栏杆和严禁人员通过标志牌，首层平网外挑6m，往上每3层或不超过10m再设一道3m宽水平网。

图1-60　脚手架悬挂验收合格牌

脚手架在拆除前必须全面检查脚手架的扣件连接，连墙件、支撑体系是否符合构造要求，根据检查结果补充施工方案中拆除规定和措施，做好拆除技术交底和安全交底，经批准后方可实施，作业前应清除脚手架上杂物、障碍物，拆除脚手架上的工作人员必须取得专业工种上岗证，严禁酒后作业。

双层安全平网如图1-61所示。

图1-61　双层安全平网

2. 拆除施工

拆除施工前根据补充施工方案，对架子工进行技术安全交底工作，让所有参加作业人员了解拆除顺序及需要注意的事项。拆除作业应设专人指挥，当有多人同时操作时，应明确分工、统一行动，且应有足够的操作面。为防止高空坠物，现场需要设警戒线及标识，并安排专人负责，在警戒线范围内，未经许可任何人员不准进入，拆除工作面由施工员专职负责，安全员监督。

拆除作业必须由上而下逐层进行，严禁上下同时作业。连墙件时保证架体在拆除中不倾覆重要构造，所有连墙件必须随脚手架逐层拆除，严禁先将连墙件整层或数层拆除后再拆脚手架。当采用分段拆除法时，高差不应大于2步。如高差大于2步时，应增设连墙件进行加固。当采用分立面拆除法（此方法一般不建议采用）时，对于不拆除的脚手架两端，应按规定设置连墙件和横向斜撑进行加固。当脚手架拆至下部最后1根立杆的高度（约6.5m）时，应先在适合的位置搭设临时抛撑加固后，再拆除连墙件。拆下的材料严禁抛掷至地面，在塔吊范围内的，拆除时使用塔吊作为脚手架材料的垂直运输，不在塔吊范围内的拆除时采取人工上下传递的方式，再用人力车运至堆放点，拆除过程中，堆放在脚手架上的材料不得超过2kN/m^2。

拆除下的材料运至地面应按要求及时进行检查、整修与保养，并应按品种、规格分别按规定场地码放整齐进行存放。

1.3 施工实例解析

近些年来，建筑工程中的各类事故层出不穷，而根据统计，在高处坠落及脚手架安全事故中，脚手架安全事故的死亡人数仅次于临边、洞口事故中的死亡人数，这一方面由于建筑产品的单间性、多样性，施工生产的复杂性、流动性决定了建筑在施工过程中存在着难以避免的不确定性因素，使施工环境和施工条件呈现出必然的多变状态；另一方面，脚手架的搭设者和使用者都是从事体力繁重的手工劳动者，其综合素质和专业技能水平都普遍较低，自身的行为和行为的结果——物（脚手架等）的状态均或多或少地隐含着一定的不安全因素，因而建筑施工脚手架易发生安全事故。因此，针对脚手架安全事故发生的原因，积极采取科学合理的预防措施，对减少脚手架安全事故的频发、多发至关重要。

1.3.1 施工脚手架安全事故案例及原因分析

1. 事故一：局部倾覆

（1）事情经过

某写字楼工程，地下1层，地上15层，系框架—剪力墙结构。外墙北立面装饰装修用脚手架为一字形钢管脚手架，脚手架东西向全长68m，总高45m。脚手架钢管一部分属于施工单位自用，一部分来自钢管租赁公司。租来的钢管进场时施工项目部的技术负责人和安全员发现该批钢管全部是新钢管，就没有对其质量进行检查，也没有查验产品合格证和质量检测报告，并告知操作人员可以使用。为便于日后归还，该批钢管被全部用到外墙北立面的架体上。脚手架投入使用第二天，在其东西向的中部约12m范围内有几根立杆突然脆断，相应部位的架体随之向外倾覆，正在架子上作业的3名工人被倾覆力抛出架外，冲开安全网，坠落身亡。

（2）原因分析

写字楼工程脚手架局部倾覆事故发生的主要原因是租来的脚手架钢管材料质量不符合要求，使用中突然脆断，导致了操作者坠落身亡。次要原因是施工项目部技术负责人和安全员没有对租来的钢管进行质量检查，没有在源头上对这起安全事故加以控制，使劣质钢管得以进入架体。后经查验该批钢管无产品合格证，无质量检测报告，生产厂家不明，是典型的“三无”产品。施工项目部在对脚手架验收时发现，该脚手架连墙件极少，且均设置在脚手架的中部，顶部没有设置，有的连墙件采用了“柔”性连接，但这些问题直到事故发生时也未能整改到位，另外，脚手架的层间兜网和安全网设置不牢固等，也是造成该起事故的原因。

2. 事故二：架体倒塌

（1）事情经过

某市工程，长86m，宽38m，高32m。屋面为球形节点网架结构。由于施工总承包单位不具备网架施工能力，建设单位便将屋面网架工程分包给一家专业网架生产安装厂。在建设单位的协调沟通下，施工总承包单位与网架分包单位达成协议，由总包单位搭设高空组装网架用的满堂脚手架，架高26m。

脚手架搭设前，搭设方案未经监理单位批准。搭设完成后，为抢施工进度，网架厂在脚手架未进行验收和接受安全交底的情况下，就将运到施工现场的网架部件连夜全部成捆地吊上了满堂脚手架，全部重量约 40t。次日上午网架安装人员登上脚手架，开始用撬棍解捆。当刚刚解到第 3 捆时，脚手架突然失稳、倾斜、倒塌，造成 1 人重伤，7 人死亡。其中有 2 名死者是总包单位在其地面加固脚手架的人员。

（2）原因分析

造成工程网架结构安装用满堂脚手架倒塌事故的主要原因是盲目施工，具体表现在到场的安装构件一次性全部吊运到脚手架上，集中荷载超过了脚手架的极限承载力，导致了事故的发生，次要原因有吊运到脚手架上的安装构件没有及时解捆以有效分散荷载的集中。脚手架搭设完成后未经搭设单位自检，未经监理单位验收即投入使用，网架安装单位在没有与脚手架搭设单位进行书面或口头交接和安全交底的情况下，擅自使用脚手架。未得到批准的脚手架搭设方案实施的结果是，满堂脚手架立杆、大小横杆的间距、每步架的高度、钢管的连接均不符合规范要求，架上有人作业，架下也有人作业，作业安排不合理。

3. 事故三：拆除失稳

（1）事情经过

某承包商承建的商品房开发小区 A 标段 17 号房，系 11 层、框架结构，建筑面积 7690m^2，外墙保温施工时搭设了双排钢管脚手架，施工结束后项目经理部安排了脚手架的拆除工作。由于第一天的实际拆除工作量不能满足计划要求的拆除任务，架子工班长私下从瓦工班借来 5 名刚刚进场的工人，帮助第二天参与拆除工作。该 5 名工人并非专用架子工，进场时没有接受三级安全教育，为了多干点活，拆除作业前架子工班长只对他们简单地说了几句注意安全的话，就让他们登上了架子，一开始拆得较顺利，当拆到 24m 时，脚手架突然发生严重倾斜，5 名工人在晃动中全部坠地，2 人死亡，3 人受重伤。

（2）原因分析

导致商品房开发小区 A 标段 17 号房脚手架拆除过程发生的重大安全事故的直接原因是违章作业。拆除人员首先将脚手架的连墙件拆除，上、下层同时作业，引起局部脚手架严重倾斜、失稳，导致了事故的发生。出事的 5 名脚手架拆除人员不是专业架子工，没有特殊工种操作上岗证，不具备拆除脚手架的技能，不懂拆除脚手架的危险性，安全意识淡薄，是“无知者无畏，是活都能干”的典型表现。除此之外，其他原因有施工项目部未对进场的新工人进行三级安全教育，架子工班长对拆除人员的交底不彻底、不到位，只进行了口头上的简单安全说教，而没有进行实质性的拆除技术交底，交底变成了不同专业同事间的打招呼。

1.3.2 安全事故的预防措施

1. 材质控制

钢管脚手架的质量来自于两个方面：一方面是钢管的材质质量；另一方面是脚手架的搭设质量。因此，针对由钢管脆断导致钢管脚手架发生的局部倾斜事故，应采取的预防措施有控制钢管原材料的质量，使其壁厚、内外径等指标符合规范要求，控制脚手架的搭设质量，使其壁厚、内外径等指标符合规范要求。控制脚手架的搭设质量，使其局部和整体稳定性符合要求。施工项目部要对进入施工现场待用的脚手架钢管做逐项检查。从产品合格证到质量保证资料要一应俱全，从外观质量到内在物质组成要全部合格，无论是自购还是租赁的都要一视同仁。对自检过程中查到的搭设质量问题要严肃认真整改，未整改或整改不全面，即带“病”的脚手架不得投入使用，特别是连墙件、安全网、层间兜网对脚手架的稳定性和安全性有较大影响，应加大对这些方面的检查和整改的力度。脚手架的连强件应刚性连接，安全网和层间兜网应安装牢固。

2. 规范施工

盲目施工造成了网架结构安装用满堂脚手架倒塌事故的发生，可采用的主要预防措施是规范施工。满堂脚手架搭设前，搭设方案应由施工单位技术负责人和监理单位总监理工程师审批。搭设完成后，施工单位项目经理应组织安全员和施工员对脚手架的搭设质量进行自检，自检合格后通知监理人员验收，只有验收合格的脚手架才能投入使用。脚手架在使用时，应有技术和安全两个方面的技术交底。满堂脚手架的立杆、大小横杆间距、每步架的高度，其误差应控制在规范允许的误差范围内。由于脚手架的主要作用是高处作业，所能承受的荷载有限，因此，施工中应避免脚手架满负荷。根据安全要求，高处作业下方不能再安排施工人员从事任何工种的作用。

3. 违章拆除

大量的脚手架安全事故表明，拆除脚手架比搭设脚手架更容易出事故。脚手架的拆除工作应由持证上岗的架子工承担，非架子工从事脚手架的拆除本身就存在着极大的冒险。违章作业引起 A 标段 17 号房脚手架严重倾斜致人死亡的安全事故，应采取的措施是遵章拆除。脚手架的拆除要严格按照规范规定的拆除顺序拆除，先搭的后拆，后搭的先拆。上下同时拆，松动有危险的加固后再拆。先拆的决不后拆，后拆的决不先拆。对进场的新工人要进行“三级安全教育”，特种作业人员需要经过专门培训，考试合格方可上岗。安全技术交底不应停留在口头形式，同事间的相互关照更是难以代替正式交底的作用。安全教育培训工作应落到实处，施工人员的安全意识提高了，才能改“无知”为“有智”，变“无畏”为“有为”。

1.3.3 总结

面对近年来脚手架安全事故常发的现状，住建部和有关部门加大了对建筑施工安全的监管力度，先后出台了一系列关于安全施工的政策、法规，目前全国的建筑安全生产形势有了较大的好转。“保安全千日不足，出事故一日有余”。安全警钟只有在各类管理和施工人员中长鸣，才能做到在施工中不伤害自己，不伤害他人，不被他人伤害。只要广泛地加强安全教育，不断提高安全意识，调动全员参与安全管理的积极性、主动性、创造性，采取有效的预防措施，以形成预防安全事故发生的强大合力，才能逐步减少或避免脚手架群死群伤的事故发生。

第 2 章　碗扣式钢管脚手架施工与验收

2.1　碗扣式脚手架技术内容

碗扣式钢管脚手架是在吸取国外同类型脚手架的先进技术和配件工艺的基础上，结合我国工程项目实际情况而进行研发的一种新型脚手架。

碗扣式脚手架具有接头构造合理，搭设施工简单，拆除易行。在我国工程中广泛使用，不但能满足房建工程的施工需要，还能在桥梁、隧道、烟囱以及水塔等工程施工中大展身手。

2.1.1　碗扣式钢管脚手架基本组成

碗扣式钢管脚手架主要构件由钢管立杆、横杆、碗扣接头、上托撑和下托撑等组成，如图 2-1 所示。

碗扣式脚手架由于受杆件高度限制，在工程中通常需要立杆接长，碗扣接头显得尤为重要。

碗扣式脚手架接头包括上碗扣、下碗扣、水平杆接头以及限位销。在立杆上焊接下碗扣和上碗扣的限位销，上碗扣在下碗扣和限位销之间活动，在横杆和斜杆上焊接插头。组装时，将横杆和斜杆插头插入下碗扣内，压紧和旋转上碗扣，利用限位销固定上碗扣，如图 2-2 所示。

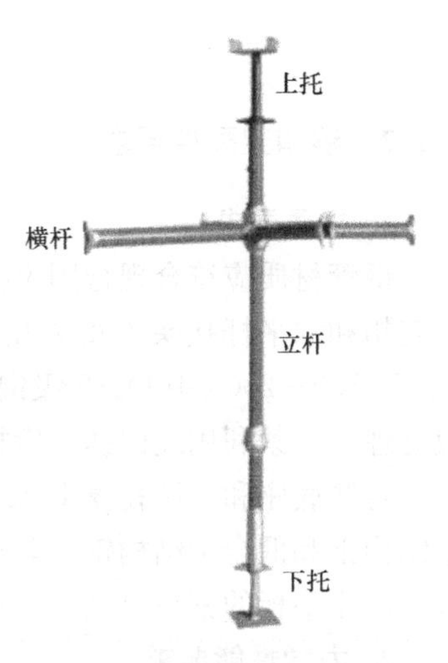
上托
横杆
立杆
下托
图 2-1　碗扣式脚手架主要构成

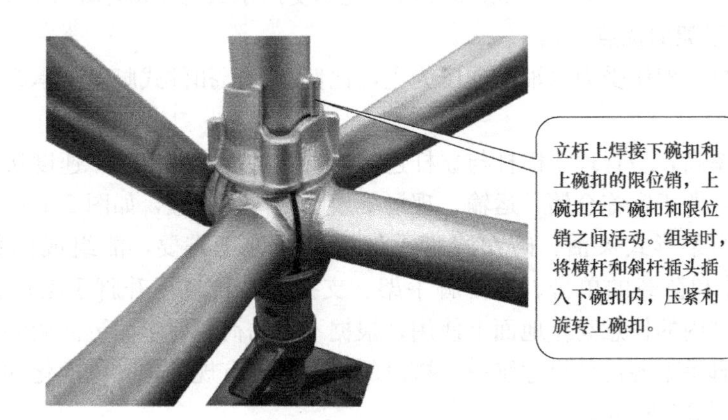
立杆上焊接下碗扣和上碗扣的限位销，上碗扣在下碗扣和限位销之间活动。组装时，将横杆和斜杆插头插入下碗扣内，压紧和旋转上碗扣。
图 2-2　碗扣式脚手架接头

为了增加碗扣与立杆之间的咬合力，通常对碗扣进行特殊处理，如采用齿状碗扣，如图 2-3 所示。

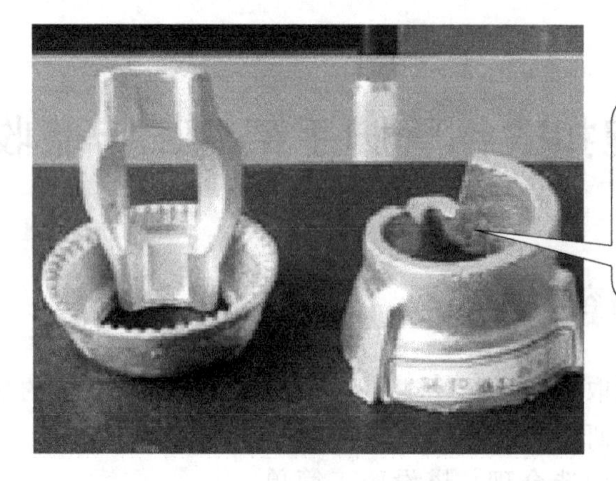

齿形碗扣增大了
碗扣处和连接接
头的摩擦力，不
易滑动，使用更
安全。

图 2-3　齿形碗扣

2.1.2　碗扣架配件要求

1. 材质要求

钢管材质应符合现行国家标准《碳素结构钢》GB/T 700—2006 中 Q235 级钢的要求，上碗扣和水平杆接头不得采用钢板冲压成型，其材质不应低于国家标准《碳素结构钢》GB/T 700—2006 中 Q235 级钢的规定，板材厚度不应小于 4mm，并应经 600～650℃的时效处理，严禁利用废旧锈蚀钢板改制。

可调底座和可调托撑 U 形托板应采用碳素结构钢，其材质应符合现行国家标准《碳素结构钢和低合金结构钢　热轧厚钢板和钢带》GB/T 3274—2007 中 Q235 级钢的规定，可调底座垫板的钢板厚度不得小于 6mm，可调托撑 U 形托板钢板厚度不得小于 5mm。

2. 力学性能要求

上碗扣沿水平杆方向受拉承载力不应小于 30kN；下碗扣组焊后沿立杆方向剪切承载力不应小于 60kN；水平杆接头沿水平杆方向剪切承载力不应小于 50kN；水平杆接头焊接剪切承载力不应小于 25kN；可调底座和可调托撑受压承载力不应小于 100kN。

3. 碗扣式脚手架的优点

（1）安全可靠。架体受力以轴心受压为主，比偏心受压扣件式脚手架承载力高，稳定性更好。

（2）施工效率高，易管理。横杆与立杆连接用铁锤敲击辅助完成，速度快；全部杆件采用标准化管理，便于实施仓储、运输、现场堆放的现代化管理，如图 2-4 所示。

（3）脚手架组架形式灵活。碗扣式脚手架可根据施工需要，能组成模数为 0.5m、0.6m 的多种尺寸和荷载的单排、双排脚手架、支撑架、物料提升脚手架；能做曲线布置，可在规范允许内的任意高差地面上使用；根据不同的荷载要求，灵活调整支架间距。

（4）碗扣式脚手架各构件尺寸统一，搭设的脚手架具有规范化、标准化的特点，可任意进行组装，如图 2-5 所示。

（5）装拆功效高，减轻劳动强度，装拆速度比扣件式脚手架快 3～5 倍。完全避免了螺栓作业，不易丢失散件；构件轻便牢固、一般锈蚀不影响装拆作业；维护简单，碗扣脚手架搭设效果美观，如图 2-6 所示。

图 2-4　碗扣式脚手架仓储堆放

图 2-5　碗扣式脚手架模数统一

由于碗扣式脚手架接头固定比较牢固，立杆、横杆连接可靠性更好，搭设后，整体美观性较好。

图 2-6　碗扣式脚手架搭设效果

2.2 碗扣式脚手架施工

2.2.1 脚手架搭设基础地面处理

外脚手架及非硬化场地上的满堂脚手架搭设时，为保证脚手架搭设后能安全、牢固，基础地面必须要夯实，可采取放置 50mm 厚的通长方木垫板或 12～16 号槽钢，如图 2-7 所示。

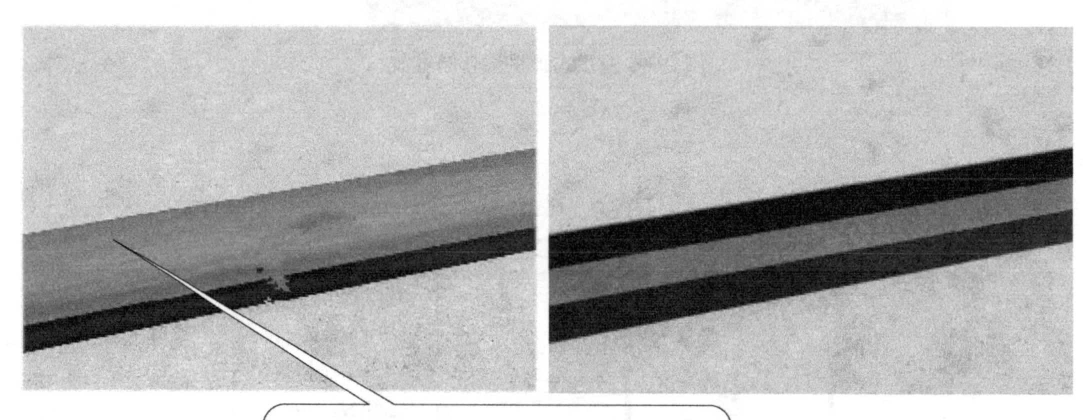

垫板与地面应坚实接触，按设计间距确定立杆的位置，弹出墨线，并将立杆底座置于垫板中线之上。

图 2-7 立杆基础垫板

2.2.2 搭设顺序

放置纵向扫地杆、主立杆、第一步纵向水平杆、横向扫地杆、第一步横向水平杆、第二步纵向水平杆、第二步横向水平杆。

在开始竖立杆之前，先要将横杆备好安放到位，并进行接长处理，然后再竖立杆。

根据脚手架荷载要求，碗扣式钢管脚手架立柱横距可为 0.9m、1.2m、1.5m；纵距可为 1.2m、1.5m、1.8m；步距可为 1.8m、2.0m。搭设时立杆的接长缝应错开，第一层立杆错开布置，往上均用等长立杆接长，至顶层再用两种长度错开布置找平。

1. 立杆

搭设时纵横向立杆位置要准确，要横平竖直，具体要求如图 2-8 所示。

2. 接头

每一根水平杆的卡销都必须连接到位，卡紧楔牢；碗扣式支撑架上部必须安装有效的斜撑和支撑以确保混凝土浇筑时模板的垂直度；碗扣接头连接处应紧密牢固，如图 2-9 所示。

3. 底座及托撑

可调底座及可调托撑丝杆与调节螺母旋合长度不得少于 5 扣，插入立杆内的长度不得小于 150mm。底层纵、横向横杆作为扫地杆距地面高度应小于或等于 400mm，严禁施工

搭设完成一步架体，校正水平杆步距、立杆间距、立杆垂直度和水平杆水平度。立杆每1.8m高度的垂直度允许偏差为5mm。架体全高的垂直度偏差应小于架体搭设高度的1/600，且不得大于35mm；相邻水平杆的高差不应大于5mm。防止上碗扣不能卡上或不能扣紧，严重影响架体整体稳定性。

图 2-8　立杆垂直度满足要求

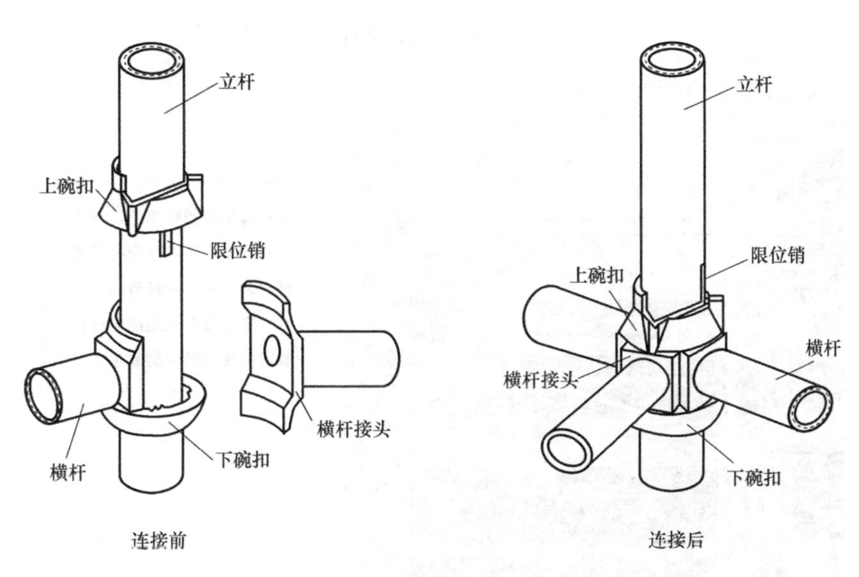

图 2-9　碗扣接头

中拆除扫地杆，立杆应配置可调底座或固定底座，如图 2-10 所示。

4. 双排脚手架专用斜撑

双排脚手架的转角处、开扣型双排脚手架端部应各设置竖向斜撑杆，且斜撑杆应设置在有纵、横向横杆的碗扣节点上，如图 2-11 所示。

当脚手架高度小于 24m 时，每隔不大于 5 跨应设置一组竖向通高斜撑杆；当脚手架高度 24m 及以上时，每隔 3 跨应设置一组竖向通高斜撑杆；相邻斜撑杆宜对称呈八字形设置，如图 2-12 所示。

每道竖向斜撑杆应在双排脚手架外侧相邻立杆间由底至顶按步连续设置；斜杆临时拆除时，拆除前应在相邻立杆间设置相同数量的斜撑杆。

5. 双排脚手架钢管扣件剪刀撑要求

当架体搭设高度在 24m 以下时，应在架体两端、转角及中间间隔不超过 15m 各设置

可调托撑丝杆与调节螺母
旋合长度不得少于5扣，
插入立杆内的长度不得小
于150mm；底层纵、横向
横杆作为扫地杆距地面高
度应小于或等于400mm。

图 2-10　托撑及底座

双排脚手架的转角处、开扣
型双排脚手架端部应各设置
竖向斜撑杆；新规范取消了
对一字形脚手架端部应设置
竖向斜撑杆的强制要求。

图 2-11　竖向通高斜撑杆设置

一道竖向剪刀撑；当架体搭设高度在 24m 及以上时，应在架体外侧全立面连续设置竖向剪刀撑。每道剪刀撑的宽度应为 4～6 跨，且不应小于 6m，也不应大于 9m。剪刀撑应由底至顶连续设置，如图 2-13 所示。

6. 双排脚手架连墙件

连墙件应呈水平设置，当不能呈水平设置时，与脚手架连接的一端应下斜连接；连墙件应采用能承受压力和拉力的构造，并应与建筑结构和架体连接牢固。双排脚手架内立杆与建筑物距离不宜大于 150mm；大于 150mm 时应采用脚手板或安全平网封闭，要求如图 2-14、图 2-15 所示。

连墙件应设置在靠近有横向横杆的碗扣节点处，且有距离保证，如图 2-16 所示。

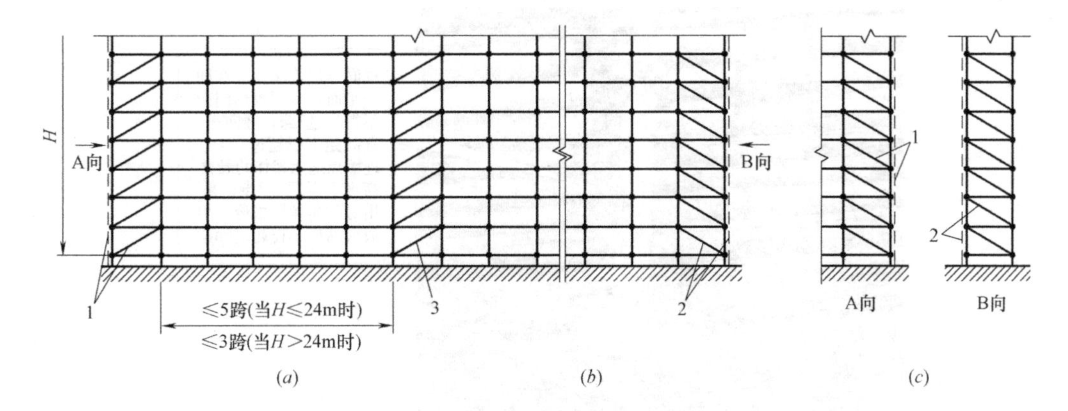

图 2-12　双排脚手架斜杆

（*a*）拐角竖向斜撑杆；（*b*）端部竖向斜撑杆；（*c*）中间竖向斜撑杆

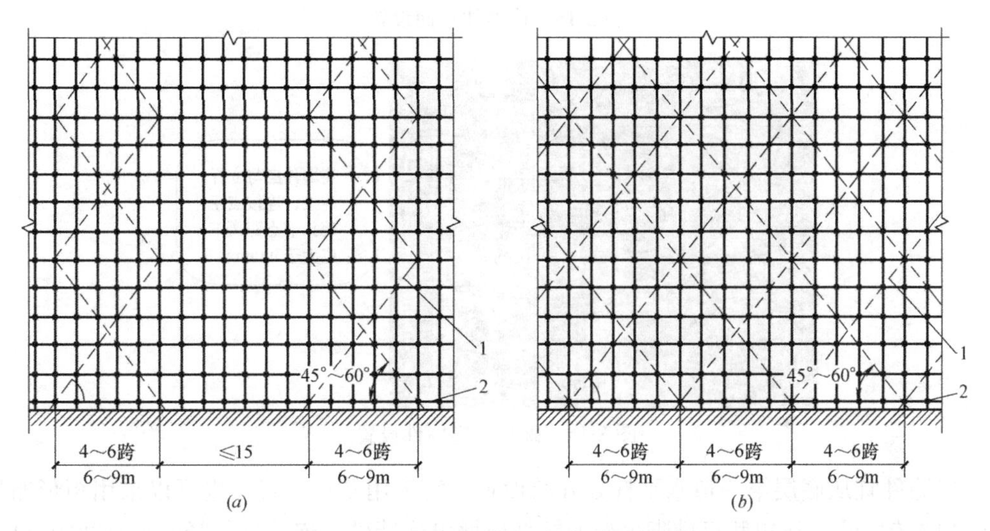

图 2-13　双排脚手架钢管扣件剪刀撑

（*a*）不连续剪刀撑设置；（*b*）连续剪刀撑设置

1、2—剪刀撑

图 2-14　连墙件水平设置

每同一层连墙件应在同一平面，水平投影间距不得超过3跨，竖向垂直间距不得超过3步，连墙点之上架体的悬臂高度不得超过2步；采用可靠防倾覆措施，但最大高度不得超过6m。

图 2-15　连墙件平面设置

连墙件应与立杆连接，连接点距碗扣节点距离不应大于300mm。

图 2-16　碗扣架连墙件设置

连墙件宜从底层第一道水平杆处开始设置；宜采用菱形布置，也可以采用矩形布置。在架体的转角处、开扣型双排脚手架的端部应增设连墙件，连墙件的竖向垂直间距不应大于建筑物的层高，且不应大于 4m。

连墙件应采用可承受拉、压荷载的刚性结构，连接应牢固可靠。当脚手架高度大于 24m 时，顶部 24m 以下所有的连墙件层必须设置水平斜杆，水平斜杆应设置在纵向横杆之下，如图 2-17 所示。

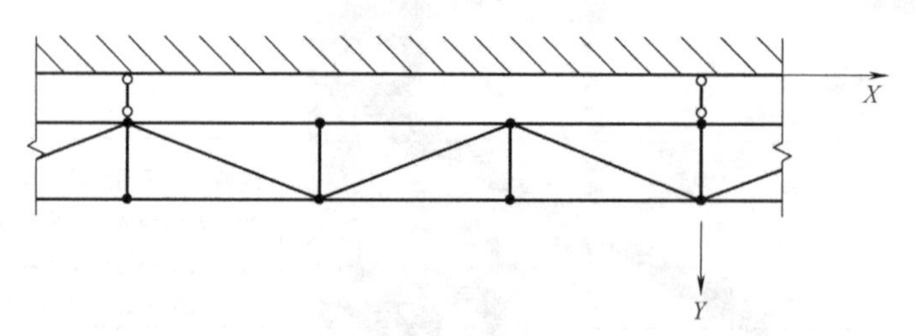

图 2-17　水平斜杆应设置在纵向横杆下

7. 模板支撑架斜杆

安全等级为Ⅰ级的模板支撑架应在架体周边，内部纵横向每隔 4～6m 各设置一道斜撑杆；安全等级为Ⅱ级的模板支撑架应在架体周边，内部纵横向每隔 6～9m 各设置一道斜撑杆。

每道竖向斜撑杆可沿架体纵向和横向每隔不大于两跨在相邻立杆间由底至顶连续设置，也可沿架体竖向每隔不大于两步距采用八字形对称设置，或采用等覆盖率的其他方式。

当采用钢管扣件剪刀撑替代斜撑杆时，剪刀撑斜杆与地面夹角应在45°～60°之间，斜杆应每步与立杆扣接，如图2-18所示。

碗扣架剪刀撑斜杆应每步与立杆扣接。剪刀撑的斜杆与地面夹角应在45°～60°之间，剪刀撑宽度宜为6～9m。

图2-18 碗扣架剪刀撑设置

安全等级为Ⅰ级的模板支撑架应在架体周边，内部纵向和横向每隔不大于6m设置一道剪刀撑；安全等级为Ⅱ级的模板支撑架应在架体周边，内部纵向和横向每隔不大于9m设置一道剪刀撑。剪刀撑宽度宜为6～9m。

8. 安装要求

可调顶托和可调底座螺杆插入立杆长度不得小于15cm，伸出立杆的长度不宜大于30cm。立杆自由端高度不大于65cm，如图2-19所示。

可调顶托和可调底座螺杆插入立杆长度不得小于15cm，伸出立杆的长度不宜大于30cm。立杆自由端高度不大于65cm。

图2-19 顶托及底座安装要求

2.3 碗扣式脚手架检查与验收

双排脚手架搭设高度不宜超过50m；模板支撑架搭设高度不宜超过30m。脚手架基础必须按专项施工方案进行施工，按基础承载力要求进行验收。

连墙件必须随脚手架升高及时在规定的位置设置，处于同一水平面上，严禁任意设置。连墙件必须在脚手架拆到该层时方可拆除，严禁提前拆除。严禁在脚手架基础及邻近处进行挖掘作业。

2.4 碗扣式脚手架安全管理与维护

搭设脚手架之前必须对搭设人员进行安全交底，搭设人员必须持证上岗，搭设过程中必须戴安全帽，按照规范要求佩戴安全带，设安全平网。作业层上的施工荷载应符合设计要求，不得超载；不得在脚手架上集中堆放模板、钢筋等物料，如图2-20所示。

作业层上的施工荷载应符合设计要求，不得超载；不得在脚手架上集中堆放模板、钢筋、混凝土残渣等物料。混凝土输送管、布料杆及塔架拉结缆风绳不得固定在脚手架上。

图 2-20　架体上堆放废旧物料

遇 6 级及以上大风、雨雪、大雾天气时应停止脚手架的搭设与拆除作业。脚手架使用期间，严禁擅自拆除架体结构和连墙杆件，如需拆除必须报请技术部门同意，确定补救措施后方可实施。

使用后的脚手架构配件应清除表面粘结的灰渣，校正杆件变形，表面做防锈处理后待用，如图 2-21 所示。

图 2-21　碗扣架构配件堆码管理

2.5 碗扣式脚手架应用案例

2.5.1 工程概况

×××工程为太原某公司新建的临街剧场，项目四周为城市主干道，沿道路建造高低错落的 2～5 层综合商业建筑。

剧场首层为观众厅，结构形式为框架结构。小剧场舞台部分层高 25.7m，观众厅层高 14.5～17.8m，后台部分首层层高 3.6m，二层层高 7.2m，前厅、包厢及办公部分首层层高 5.5m。室内外高差 0.15m。小剧场建筑高度 24.75m。因楼层较高，屋面梁高度达到 2.2m，综合考虑脚手架选型，模板支撑采用碗扣式钢管满堂支撑体系。

本工程进场使用的碗扣式脚手架用钢管应符合现行国家标准《直缝电焊钢管》（GB/T 13793—2016）或《低压流体输送用焊接钢管》（GB/T 3091—2015）的要求，钢管材质性能应符合现行国家标准《碳素结构钢》（GB/T 700—2006）的规定，通常碗扣架用钢管规格为 ϕ48.3×3.5，钢管壁厚不应为负偏差。

上碗扣、可调底座及可调托撑螺母应采用可锻铸铁或铸钢制造，下碗扣、横杆接头、斜杆接头应采用碳素铸钢制造，各构件经检测应符合要求，如图 2-22 所示。

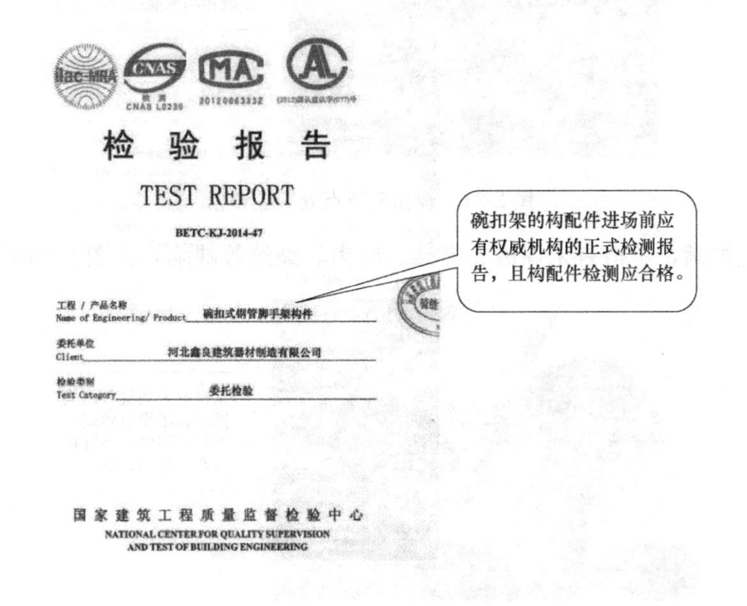
检 验 报 告

TEST REPORT

BETC-KJ-2014-47

工程 / 产品名称
Name of Engineering/ Product 碗扣式钢管脚手架构件

委托单位
Client 河北鑫良建筑器材制造有限公司

检验类别
Test Category 委托检验

国 家 建 筑 工 程 质 量 监 督 检 验 中 心
NATIONAL CENTER FOR QUALITY SUPERVISION
AND TEST OF BUILDING ENGINEERING

图 2-22 碗扣架构件检测报告

立杆连接外套管壁厚不得小于 3.5mm，允许偏差为±0.5mm，外套管长度不得小于 160mm，外伸长度不小于 110mm，如图 2-23 所示。

立杆上的上碗扣应能上下窜动和灵活转动，不得有卡滞现象；杆件最上端应有防止上碗扣脱落的措施。立杆与立杆连接的连接孔处应能插入 ϕ10 连接销。在碗扣节点上同时安装 1～4 个横杆，上碗扣均应能锁紧，如图 2-24 所示。

钢管表面应光整，不得采用接长钢管，表面粘砂应清除干净，不得有毛刺、氧化皮等

图 2-23　立杆连接套管

图 2-24　碗扣架节点处应能锁紧

缺陷，焊缝应饱满，不得有未焊透、夹砂、咬肉、裂纹等缺陷，如图 2-25 所示。

钢管应无裂纹、凹陷、锈蚀，不得有砂眼、缩孔、裂纹、浇冒扣残余、毛刺、氧化皮。

图 2-25　钢管外观要求

2.5.2　碗扣式脚手架搭设及部署

1. 搭设顺序

本工程碗扣式脚手架搭设，工作顺序如下（材料准备、场地清理、安全技术交底等）：根据剧场屋面梁情况放出架体位置线→铺设垫板→立两端立杆→安装第一步纵向水平杆、横向水平杆→根据立杆间距逐根补绑立杆→放置纵向扫地杆→安装横向扫地杆→调整立杆垂直度→安装第二步纵向水平杆→安装第二步横向水平杆→设置连墙件→安装第三、四步纵向水平杆、横向水平杆→立立杆→加设剪力撑→安装顶托，如图 2-26～图 2-29 所示。

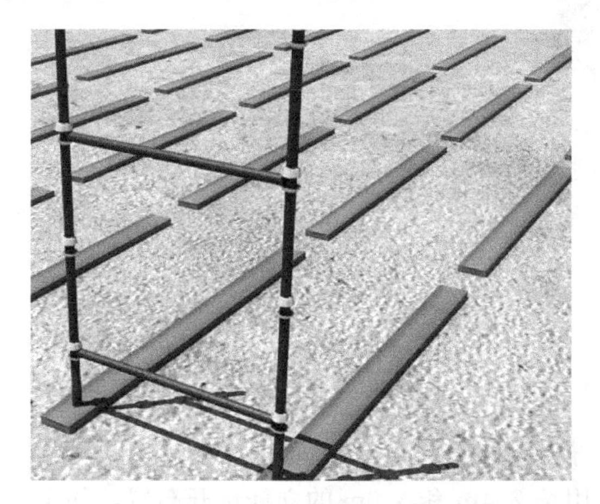
图 2-26　碗扣式脚手架立杆横杆搭设

图 2-27　碗扣式脚手架接长和上层立杆搭设

图 2-28　碗扣式脚手架顶层搭设

图 2-29　碗扣式脚手架整体搭设效果

2. 搭设施工

脚手架施工前必须制定施工设计或专项方案，保证其技术可靠和使用安全，经技术审查批准后方可实施。脚手架搭设前工程技术负责人应按脚手架施工设计或专项方案的要求对搭设和使用人员进行技术交底。

（1）地基与基础处理

本工程由于观众看台高低差较大，利用立杆 0.6m 节点位差调节。脚手架基础搭设在结构底板上，能满足脚手架基础承载力，搭设时应按施工设计平面布置图的要求放线定位，如图 2-30 所示。

（2）满堂架搭设

支撑架应严格按照方案设计安装，安装前先确定起始安装位置，底层组架时分别用拉线方法、直角尺、水平尺控制架体横纵向直线度、直角度及水平度。根据地面标高确定立杆起始高度，用可调底托将四个角部立杆标高调平后挂线安装其他底托，后安装立杆。必

图 2-30　有高低差用立杆节点位差调节

须利用可调底托将标高调平，避免局部不平导致立杆悬空而受力不均。

立杆的接长缝应错开，即第一层立杆应用长 2.4m 和 3.0m 的立杆错开布置，往上则均采用 3.0m 的立杆，至顶层再用 1.5m 和 0.9m 两种长度的顶杆找平，如图 2-31 所示。

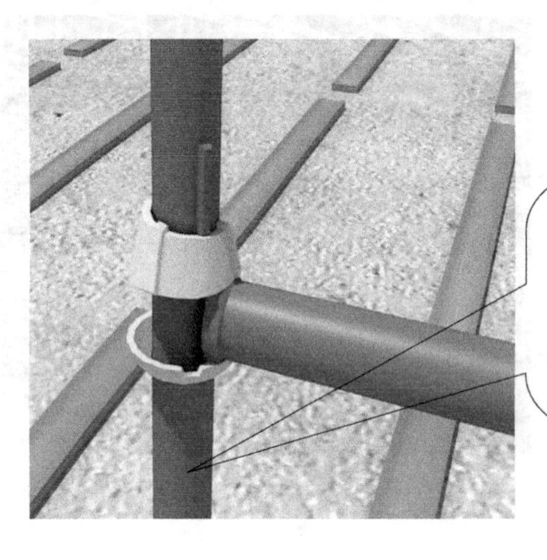

图 2-31　碗扣满堂架严格控制垂直和接头锁紧

脚手架拼装到 3 步高时，应用经纬仪检查横杆水平度和立杆垂直度。在无荷载情况下逐个检查立杆底座是否有松动或空浮情况，并及时旋紧可调底座垫实。立杆的垂直度应严格加以控制：架体垂直度偏差按 1/600 控制，全高的垂直偏差应不大于 3.5cm。满堂支撑架梁下局部应加密设计，如图 2-32 所示。

为确保支顶纵横向的稳定，本工程有如下措施：立杆之间布置双向水平横杆（连杆），垂直间距 1.2m，且必须设置纵横向扫地杆；满堂脚手架的四周与中间每隔 4 跨支架立杆设置一道纵向剪刀撑，由底至顶连续设置。剪刀撑采用 $\phi48.3\times3.5$ 钢管通过旋转扣件与碗扣管立杆连接，支撑主梁的立杆必须设置剪刀撑；楼面周边梁面预插短钢筋，通过短管、扣件锁死连接杆件，主梁下的纵向水平杆两端必须全部顶至柱侧面，如图 2-33 所示。

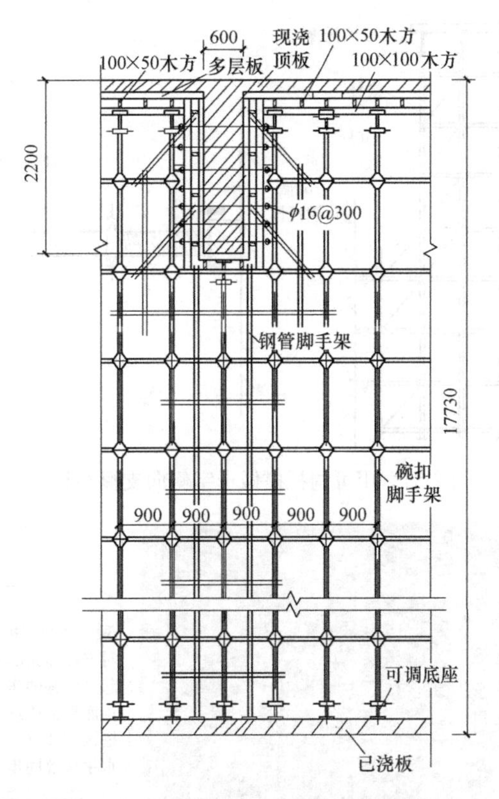

图 2-32　满堂支撑架梁下局部加密设计剖面图

图 2-33　满堂架剪刀撑设置

满堂脚手架内部主梁底的水平杆标高处和三层楼面标高处分别设平台，用做上料平台和水平操作平台。平台以四周的柱为支点，各层柱向内伸出水平或斜向钢管，与满堂支撑架周边相拉结，在中间中空位置设置一道十字支架撑，可调横托撑可用做侧向支撑与横杆相对，并两侧对称设置，如图 2-34 所示。

顶架四角应抱角斜撑，斜撑对支撑体系的安全稳定性能起到增强的作用，斜撑均应由底至顶连续设置。斜撑的搭设应随立杆、纵向和横向水平杆等同步搭设，如图 2-35 所示。

(3) 检查与验收

搭设高度在 20m 以下（含 20m）的脚手架，应由项目负责人组织技术、安全及监理

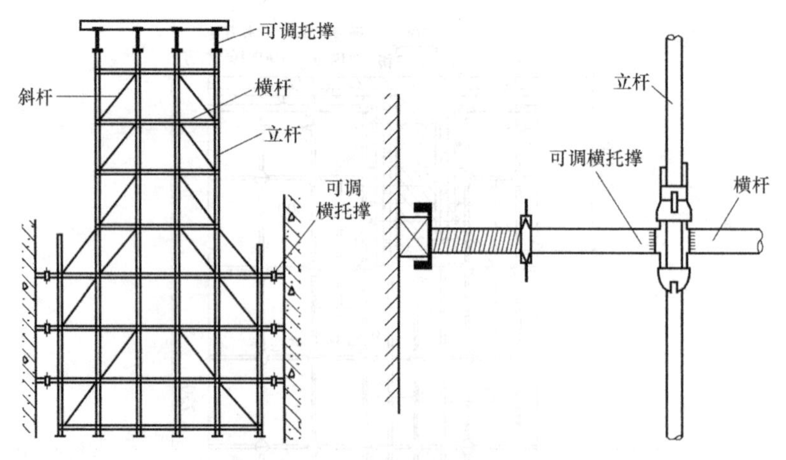

图 2-34　用可调托撑做十字侧向支撑在柱上

图 2-35　抱角斜撑设置

人员进行验收；对于搭设高度超过 20m 的脚手架和超高、超重、大跨度的模板支撑架，应由其上级安全生产主管部门负责人组织架体设计及监理等人员进行检查验收。

现场验收需要重点关注后浇带是否单独支设，脚手架排水沟是否通畅，以及脚手架主体验收关注点如图 2-36～图 2-38 所示。

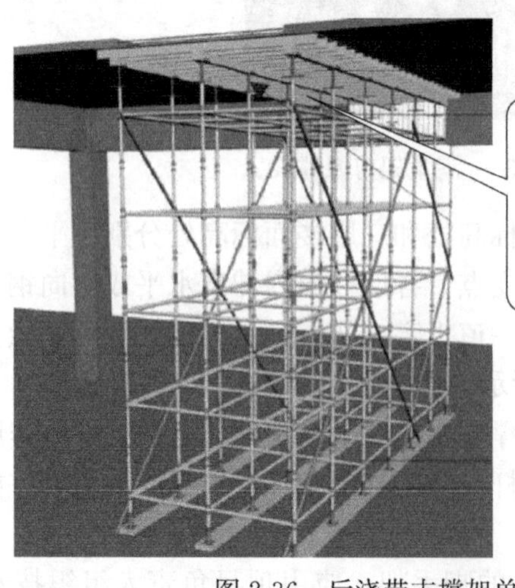

模板支撑架拆除时间早，后浇带支撑架拆除需要主体结构沉降稳定，拆除时间晚，后浇带支撑架独立架设可以避免模板支撑架拆除对后浇带支撑架的影响。

图 2-36　后浇带支撑架单独支设

排水沟的宽度一般为200～350mm，深度一般为150～300mm；水沟的端部应设置集水井保证水沟里的水及时排除，排水坡度不小于2%。

图 2-37　排水沟应满足及时排水要求

立杆的垂直偏差应根据架体高度来验收，并同时控制其绝对差值：架体立杆偏差不大于3.5cm。脚手架立杆接长时两根相邻杆的接头不宜设置在同步或同跨内；不同步或不同跨两个相邻接头在水平方向错开的距离不应小于500mm；各接头中心至最近主节点的距离不宜大于纵距的1/3。

图 2-38　脚手架主体验收关注点

作业层必须满铺脚手板，木脚手板铺设对接必须正确，在架子拐弯处，脚手板应交错搭接，并且必须绑牢，不平处用木块垫平钉牢，如图 2-39 所示。

作业层的脚手板应铺平、铺满挤严，绑扎牢固，离开墙面12～15cm。端部脚手板探头长度不得大于20cm，横向水平杆的间距应根据脚手架的使用情况搭设，脚手板的铺设可采用对接平铺，也可采用搭接铺设。

图 2-39　脚手板验收

连墙件必须采用可承受拉力和压力的结构。连墙件中的连墙杆或拉筋宜呈水平设置，当不能水平设置时，应与脚手架连接的一端向下斜可靠连接。外排架连墙件有两种：刚性连墙件和柔性连墙件，本工程施工现场采用刚性连墙件，如图 2-40 所示。

连墙件从脚手架体底层第一步纵向水平杆处开始设置；偏离主节点的距离不应大于300mm。脚手架的两端必须设置连墙件，连墙件的垂直间距不应大于建筑物的层高，并不应大于4m。

图 2-40　连墙件设置

考虑到本工程的复杂性，架体由底到顶连续设置剪刀撑，验收要求如图 2-41 所示。

24m以上的脚手架均必须全立面连续设置竖向剪刀撑；高度在24m以下的脚手架应在架体两端、转角及中间间隔不超过15m，各设置一道剪刀撑，并连续设置。剪刀撑斜杆与地面倾角在45°～60°之间，每道剪刀撑的宽度不应小于6m，且不大于9m。

图 2-41　剪刀撑设置

脚手架上下措施有两类：挂设爬梯和搭设“之”形步道或斜步道；爬梯挂设必须由低到高连续垂直地设置，每垂直约 3m 必须固定一次，顶部绑扎牢固，如图 2-42 所示。

上下步道必须同脚手架高度一起搭设，人行步道宽度不得小于1m，运料步道宽度不小于1.2m。

图 2-42　上下架体验收

施工脚手架外侧应挂设密目安全网，水平也应设置安全网，如图 2-43，图 2-44 所示。

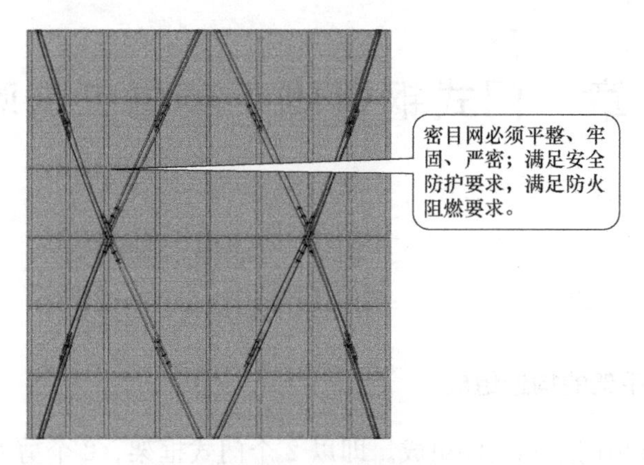

密目网必须平整、牢固、严密；满足安全防护要求，满足防火阻燃要求。

图 2-43　密目安全网

脚手架垂直高度每10m需设置防坠落安全平网，安全平网必须平整、牢固、安全，安全网固定绳必须环绕绑扎在可靠处。

图 2-44　水平安全平网

第 3 章　门式钢管脚手架施工与验收

3.1　构造和要求

3.1.1　门式钢管脚手架的构造组成

门式钢管脚手架由门架和配件组成。即以 2 个门式框架、2 个剪刀撑、1 个水平梁架和 4 个连接器组合而成一个基本单元，再由若干个基本单元通过配件在竖向叠加，组成一个多层框架。在水平方向，用加固杆和水平梁架使相邻单元连成整体，加上斜梯、栏杆柱和横杆等组成上下步相通的外脚手架，如图 3-1 所示。

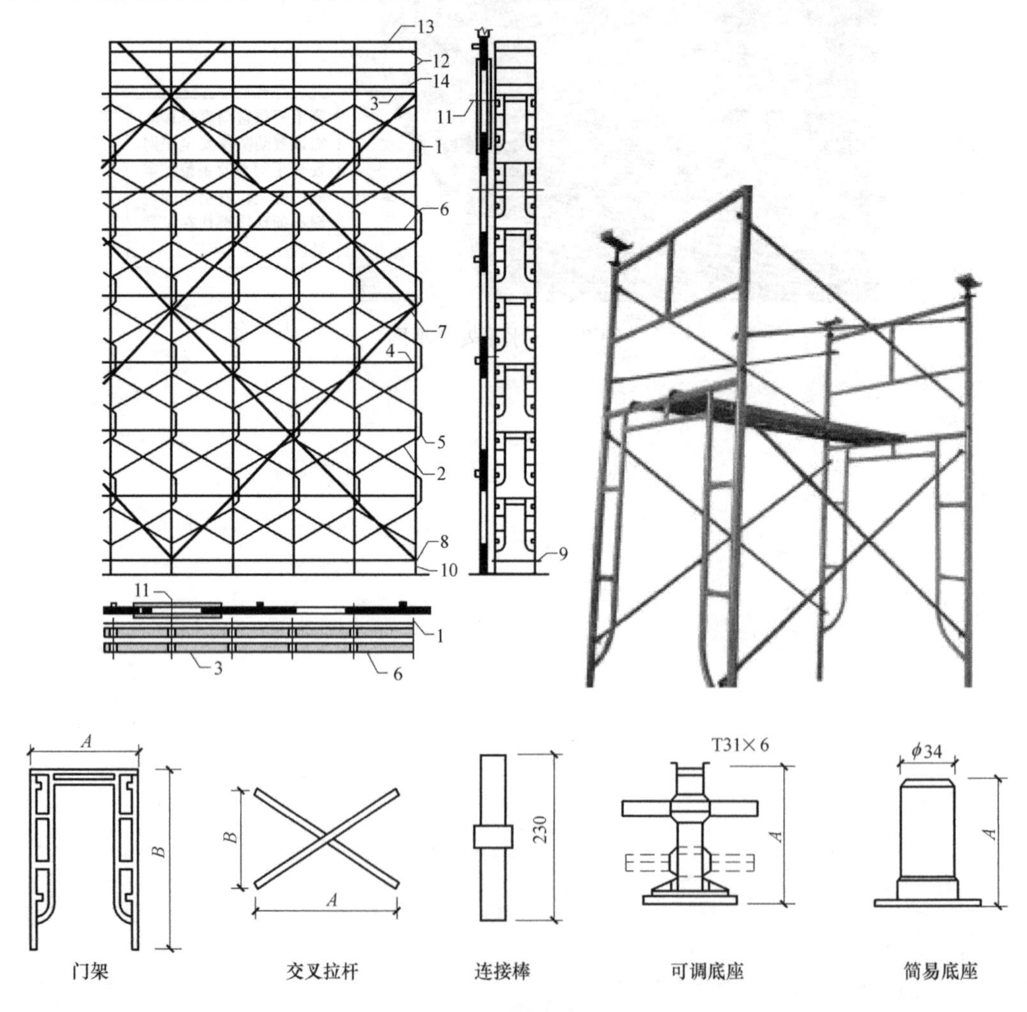

图 3-1　门式钢管脚手架（一）

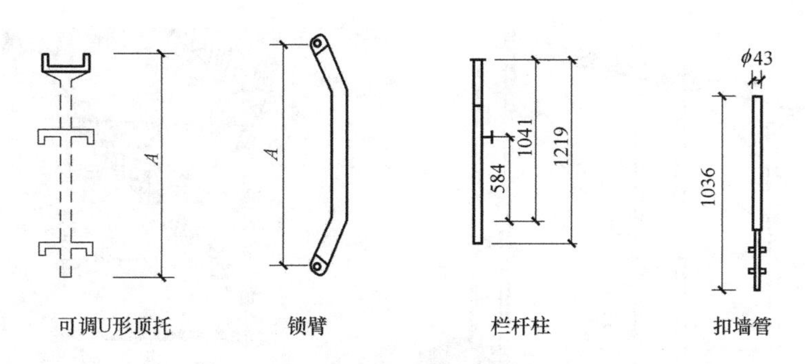

图 3-1　门式钢管脚手架（二）

1—门架；2—交叉支撑；3—挂扣式脚手板；4—连接棒；5—锁臂；
6—水平加固杆；7—剪刀撑；8—纵向扫地杆；9—横向扫地杆；10—底座；
11—连墙件；12—栏杆；13—扶手；14—挡脚板

1. 门架

门架是门式脚手架的主要构件，其受力杆件为焊接钢管，由立杆、横杆及加强杆等互焊组成，分为门形架、梯形架、窄型架和承托架，如图 3-2 所示。

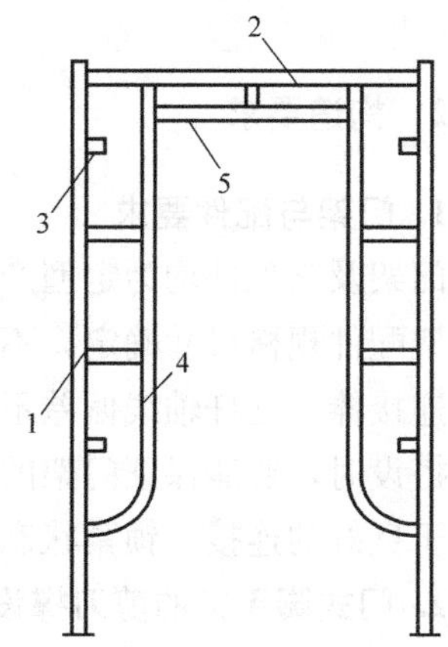

图 3-2　门架

1—立杆；2—横杆；3—锁销；
4—立杆加强杆；5—横杆加强杆

2. 配件

门式脚手架的其他构件，包括连接棒、锁臂、交叉支撑、挂扣式脚手板、底座、托座。

门架及其配件应进行镀锌处理。连接棒、锁臂、可调底座、可调托座及脚手板、水平架和钢梯的搭钩应采用表面镀锌，镀锌表面应光滑，在连接处不得有毛刺、滴瘤和多余结块。门架和配件的不镀锌表面应刷涂、喷涂或浸涂防锈漆两道、面漆一道，也可采用磷化烤漆。油漆表面应均匀，无漏涂、流淌、脱皮、皱纹等缺陷，不得有漏焊、焊穿、裂纹和夹渣，每条焊缝气孔数不得超过两个，如图 3-3 所示。

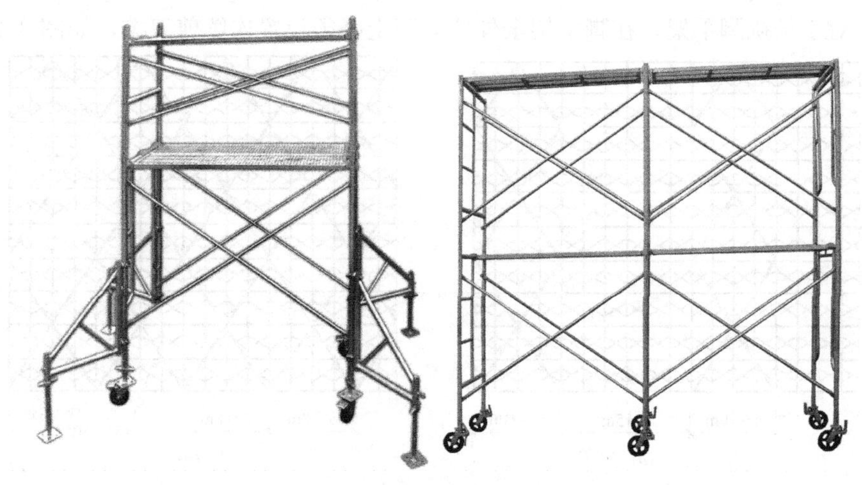

图 3-3　各式门架脚手架（一）

图 3-3　各式门架脚手架（二）

3.1.2　构造要求

1. 门架与配件要求

门架及其配件均为定型产品，其型号根据各自尺寸规格确定，门式脚手架的跨距应根据门架配件规格尺寸确定，不同型号的门架与配件严禁混合使用，上下榀门架的组装必须设置连接棒，立杆轴线偏差不应大于 2mm，连接棒与门架立杆配合间隙不应大于 2mm。

搭设时，要能保证门架的互换性，在各种组合的情况下，门架与门架、门架与配件均能处于良好的连接、锁紧状态。

2. 门式脚手架的剪刀撑设置

（1）当门式脚手架搭设高度在 24m 及以下时，在脚手架的转角处、两端及中间间隔不超过 15m 的外侧立面必须各设置一道剪刀撑，并应由底至顶连续设置。

（2）当脚手架搭设高度超过 24m 时，在脚手架全外侧立面上必须设置连续剪刀撑。

（3）对于悬挑脚手架，在脚手架全外侧立面上必须设置连续剪刀撑，如图 3-4 所示。

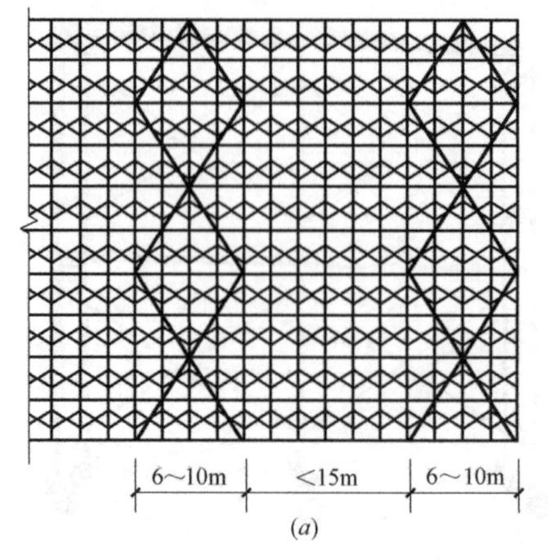

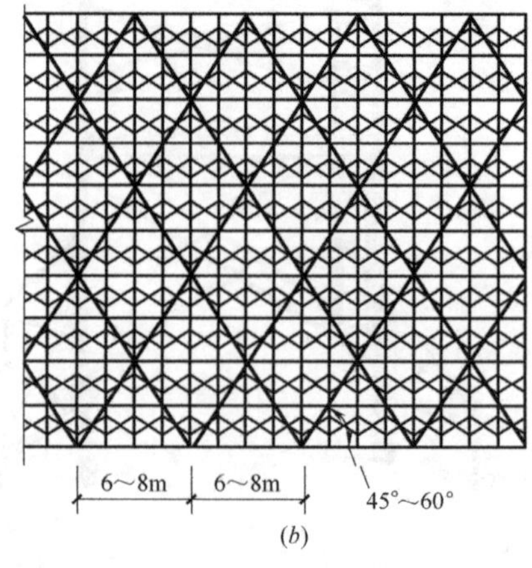

图 3-4　剪刀撑设置示意图

门式脚手架应在门架两侧的立杆上设置纵向水平加固杆，并应采用扣件与门架立杆扣紧。

3. 门式脚手架转角处的连接

在建筑物的转角处，门式脚手架内、外两侧立杆上应按步设置水平连接杆、斜撑杆，将转角处的两榀门架连成一体，如图 3-5 所示。

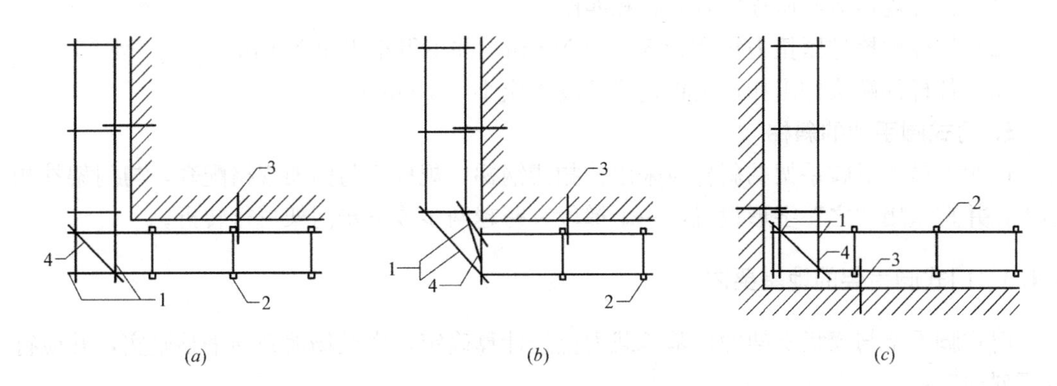

图 3-5　转角处脚手架连接

(a)、(b) 阳角转角处脚手架连接；(c) 阴角转角处脚手架连接

1—连接杆；2—门架；3—连墙件；4—斜撑杆

连接杆、斜撑杆应采用钢管，其规格应与水平加固杆相同，并用扣件与门架立杆及水平加固杆扣紧。

4. 门式脚手架的连墙件

一般高度不超过 45m，每 5 层至少应架设水平架一道，垂直和水平方向每隔 4～6m 应设一个连墙件。

搭设后，应用水平加固杆（钢管）加强，通过扣件将水平加固杆扣在门式框架上，形成水平闭合圈。一般在 10 层框架以下，每 3 层设一道；在 10 层以上，每 5 层设一道。最高层顶部和最底层底部应各架设一道，同时还应设置交叉斜撑。框架超 10 层时，还应加设辅助支撑，高度方向每 8～11 层，宽度方向 5 个门式框架之间加设一组，使脚手架与墙体可靠连接。

连墙件的设置应满足表 3-1 的要求。

连墙件最大间距或最大覆盖面积　　　　**表 3-1**

<table>
<tr><th rowspan="2">序号</th><th rowspan="2">脚手架搭设方式</th><th rowspan="2">脚手架高度(m)</th><th colspan="2">连墙件间距(m)</th><th rowspan="2">每根连墙件覆盖面积(m²)</th></tr>
<tr><th>竖向</th><th>水平向</th></tr>
<tr><td>1</td><td rowspan="3">落地、密目式安全网全封闭</td><td rowspan="2">≤40</td><td>3h</td><td>3l</td><td>≤40</td></tr>
<tr><td>2</td><td rowspan="2">2h</td><td rowspan="2">3l</td><td rowspan="2">≤27</td></tr>
<tr><td>3</td><td>>40</td></tr>
<tr><td>4</td><td rowspan="3">悬挑、密目式安全网全封闭</td><td>≤40</td><td>3h</td><td>3l</td><td>≤40</td></tr>
<tr><td>5</td><td>40～60</td><td>2h</td><td>3l</td><td>≤27</td></tr>
<tr><td>6</td><td>>60</td><td>2h</td><td>2l</td><td>≤20</td></tr>
</table>

注：1. 序号 4～6 为架体位于地面上的高度。

2. 按每根连墙件覆盖面积选择连墙件设置时，连墙件的竖向间距不应大于 6m。

3. 表中 h 为步距；l 为跨距。

在门式脚手架的转角处或开口型脚手架端部，必须增设连墙件，连墙件的垂直间距不应大于建筑物的层高，且不应大于4.0m。连墙件应固定在门架的立杆上。连墙件宜水平设置，当不能水平设置时，与脚手架连接的一端，应低于与建筑结构连接的一端，连墙件的坡度宜小于1∶3。

加固件、连墙件等与门架采用扣件连接时应符合下列规定：

（1）扣件规格应与所连钢管外径相匹配。

（2）扣件螺栓拧紧扭力矩宜为50～60N·m，并不得小于40N·m。

（3）各杆件端头伸出扣件盖板边缘长度不应小于100mm。

5. 门式脚手架的斜梯

作业人员上下脚手架的斜梯应采用挂扣式钢梯，规格应与门架规格配套，与门架挂扣牢固，并宜采用"之"字形设置，一个梯段宜跨越两步或三步门架再行转折。

3.1.3 门式脚手架的地基要求

门式脚手架与模板支架的地基承载力应经计算确定，搭设场地必须平整坚实，并应符合下列规定：

（1）回填土应分层回填，逐层夯实。

（2）场地排水应顺畅，不应有积水。

当门式脚手架与模板支架搭设在楼面等建筑结构上时，门架立杆下宜铺设垫板。

3.1.4 门式脚手架的通道口设置

门架脚手架通道口高度不宜大于2个门架高度，宽度不宜大于1个门架跨距，应有加固措施。门式脚手架通道口应采取加固措施，并应符合下列规定：

（1）当通道口宽度为一个门架跨距时，在通道口上方的内外侧应设置水平加固杆，水平加固杆应延伸至通道口两侧各一个门架跨距，并在两个上角内外侧应加设斜撑。

（2）当通道口宽度为两个及以上跨距时，在通道口上方应设置经专门设计和制作的托架梁，并应加强两侧的门架立杆，如图3-6所示。

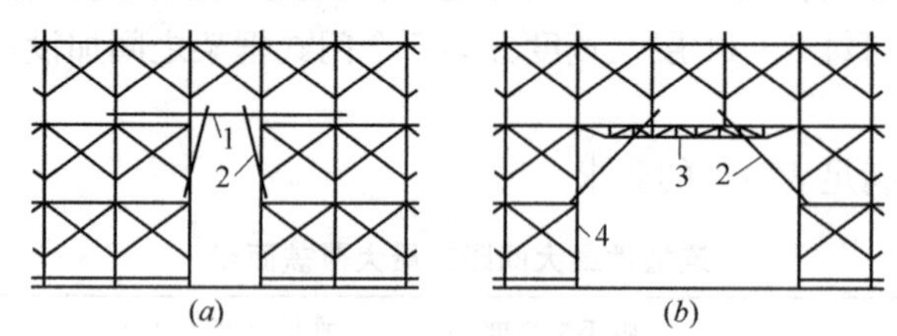

图3-6 通道口加固示意

1—水平加固杆；2—斜撑杆；3—托架梁；4—加强杆

3.2 搭设与拆除

3.2.1 施工准备

（1）门式脚手架搭设与拆除前，应向搭拆和使用人员进行安全技术交底。安全技术交底应具有可行性、针对性和可操作性。安全技术交底一般包括以下内容：

1）登高作业人员（架子工）必须经过安全技术培训并通过考核，持特殊工种上岗证。其他相关人员（如普工、安装工）必须在技工带领、指导下操作。高处作业人员，不得患有高血压、心脏病、贫血、癫痫病、恐高症、眩晕等禁忌症，非架子工不得单独进行作业。

2）钢管不得有开裂、严重锈蚀、扭曲变形等情况，所有材料须经验收合格后方可使用。

3）严禁赤脚、穿拖鞋、穿硬底鞋作业。严禁在架子上打闹、休息，严禁酒后作业。作业时必须佩戴安全帽并系好下颏带，2m以上的高处作业必须系安全带，着装灵便，穿防滑鞋。作业时精力集中，团结合作，互相呼应，统一指挥。

4）六级以上大风（含六级）、高温、大雨、大雾等恶劣天气，应停止露天高处作业，风、雨、雪后应对架子进行全面检查，发现倾斜、下沉等现象必须进行处理，经验收合格后方可使用。

5）脚手架要结合进度搭设，搭设完的脚手架在离开作业时不得留有未固定的部位和安全隐患，确保架子稳定。

6）拆除脚手架前的准备工作：全面检查脚手架，重点检查连接固定、支撑体系等是否符合安全要求；根据拆除现场的情况，设围栏或警戒标志，并有专人看守，清除脚手架中留有的材料等杂物。

7）拆除架子的工作地区，严禁非操作人员进入。

8）拆架前，应有现场施工负责人批准手续，拆架子时必须有专人指挥，做到上下呼应，动作协调。

9）拆除顺序应是后搭设的部件先拆，先搭设的部件后拆，严禁采用推倒或拉倒的拆除做法。

10）固定件应随脚手架逐层拆除，严禁把连墙件整层拆除后再拆其他部位。

11）拆除的脚手架部件应及时运至地面，严禁从空中抛掷。

12）运至地面的脚手架部件，应及时清理、保养。根据需要涂刷防锈油漆，并按品种、规格入库堆放。

（2）门式脚手架与模板支架搭拆施工的专项施工方案，应包括下列内容：

1）工程概况、设计依据、搭设条件、搭设方案设计。

2）搭高施工图：

① 架体的平、立、剖面图；

② 脚手架连墙件的布置及构造图；

③ 脚手架转角、通道口的构造图；

④ 脚手架斜梯布置及构造图；

⑤ 重要节点构造图。

3）基础做法及要求：

搭设场地应平整坚实，以减少或消除在搭设和使用过程中由于地基下沉使架体产生变形。在土方开挖后的场地搭设脚手架或模板支架应注意分层回填夯实，禁止在松软的回填土上搭设架体，搭设场地应排水通畅，不应有积水。搭设门式脚手架的地面标高要高于自然地坪5～10cm，门式脚手架与模板支架在楼面等建筑的结构上时，门架立杆下应铺设垫板。

门式脚手架与模板支架的地基承载力应根据《建筑施工门式钢管脚手架安全技术规范》(JGJ 128—2010)的规定经计算确定，在搭设时，根据不同地基土质和搭设高度条件，应符合表3-2的规定。

地基要求（参考JGJ 128—2010） 表3-2

搭设高度(m)	地基土质		
	中低压缩性且压缩性均匀	回填土	高压缩性或压缩性不均匀
≤24	夯实原土，干重力密度要求15.5kN/m^3。立杆底座置于面积不小于0.075m^2的垫木上	土夹石或素土回填，立杆底座置于面积不小于0.10m^2垫木上	夯实原土，铺设通长垫木
>24且≤40	垫木面积不小于0.10m^2，其余同上	砂夹石回填夯实，其余同上	夯实原土，在搭设地面满铺C15混凝土，厚度不小于150mm
>40且≤55	垫木面积不小于0.15m^2，其余同上	砂夹石回填夯实，垫木面积不小于0.15m^2或铺通长垫木	夯实原土，在搭设地面满铺C15混凝土，厚度不小于200mm

注：垫木的厚度不小于50mm，宽度不小于200mm，通长垫木的长度不小于1500mm。

3.2.2 架体搭设及拆除的程序和方法

1. 门式脚手架的搭设程序

(1) 搭设流程：场地平整、夯实基础→承载力实验、材料配备→安放垫板→拉线安放底座→竖两榀单片门架→安装交叉支撑→安装脚手板→安装钢梯→安装水平加固杆→安装连墙杆→按照上述步骤，逐层向上安装→装加强整体刚度的长剪刀撑→装设顶部栏杆→扎安全网。

上、下榀门架的组装必须设置连接棒和锁臂，其他部件（如栈桥梁等），则按其所处部位相应装上。

(2) 搭设程序：脚手架的搭设，应自一端延伸向另一端，自下而上按步架设，并逐层改变搭设方向，减少误差积累。

门式脚手架的搭设应与施工进度同步，一次搭设高度不宜超过最上层连墙件两步，且自由高度不应大于4m。

满堂脚手架和模板支架应采用逐列、逐排和逐层的方法搭设。

每搭设两步门架后，应校验门架的水平度及立杆的垂直度。

2. 门式脚手架架体搭设方法

(1) 在搭设前，应先在基础上弹出门架立杆位置线，垫板、底座安放位置应准确，标高应一致。门架式脚手架应从一端一开始向另一端搭设，在首步脚手架搭设完毕后再搭设上一步脚手架。

(2) 根据垫板（或垫块）上划出的位置安装底座并插入首层两榀门架，随即装上交叉撑，锁好锁片，以保证装好的门架稳定。

(3) 依次搭设以后的门架；每搭设一榀门架即安装好剪力撑并锁好锁片，并用钉子固定底座以防滑移。

(4) 当首步脚手架搭设完毕后，应用水准仪检测门架的标高，用可调底座调整高度，使门架上部标高一致。

(5) 在门架上端的锁座上依次装上锁臂，锁臂的方向应注意另一端一律向上，弯曲一致，不要错向，以免与上一步门架连接时无法就位安装。在最初两榀门架用剪力撑固定后，即安装脚踏板或水平架，其两端的卡钩锁片应随安装随锁紧。

(6) 首步门架式脚手架搭设完毕后，可从首步脚手架的搭设终点一端，向回搭设第二步脚手架，以防止接头处因误差而造成的连接困难。

(7) 在向上搭设门架式脚手架时，应同时在规定位置同步安装钢扶梯，底步钢扶梯的底端必须用1根钢管将扶梯底端固定于门架底部，持端头的卡钩锁片必须随手锁紧。

(8) 对整片的门架式脚手架，要加水平加固杆和交叉加固杆以增加整体刚度。水平、交叉加固杆采用钢管，用扣件与门架立直连接。交叉加固杆与门架立杆的夹角应为45°左右。在搭设门架式脚手架的同时，必须相应跟上安装外侧安全网。

3.2.3 门架及配件的搭设规定

(1) 门架应能配套使用，在不同组合情况下，均应保证连接方便、可靠，且应具有良好的互换性。

(2) 不同型号的门架与配件严禁混合使用。

(3) 上下榀门架立杆应在同一轴线位置上，门架立杆轴线的对接偏差不应大于2mm。

(4) 门式脚手架的内侧立杆离墙面净距不宜大于150mm，当大于150mm时，应采取内设挑架板或其他隔离防护的安全措施。

(5) 门式脚手架顶端栏杆宜高出女儿墙上端或檐口上端1.5m。

(6) 配件应与门架配套，并应与门架立杆上的锁销锁牢。门架的两侧应设置交叉支撑，并应与门架立杆上的锁销锁牢。上下榀门架的组装必须设置连接棒，连接棒与门架立杆配合间隙不应大于2mm。门式脚手架或模板支架上下榀门架间应设置锁臂，当采用插销式或弹销式连接棒时，可不设销臂。

(7) 门式脚手架作业层应连续满铺与门架配套的挂扣式脚手板，并应有防止脚手板松动或脱落的措施。当脚手板上有孔洞时，孔洞的内切圆直径不应大于25mm。

(8) 底部门架的立杆下端宜设置固定底座或可调底座。

(9) 可调底座和可调托座的调节螺杆直径不应小于35mm，可调底座的调节螺杆伸出长度不应大于20mm。

(10) 交叉支撑、脚手板应与门架同时安装。

(11) 连接门架的锁臂、挂钩必须处于锁住状态。

(12) 钢梯的设置应符合专项施工方案组装布置图的要求，底层钢梯底部应加设钢管并应采用扣件扣紧在门架立杆上。

(13) 在施工作业层外侧周边应设置180mm高的挡脚板和两道栏杆，上道栏杆高度应为1.2m，下道栏杆应居中设置。挡脚板和栏杆均应设置在门架立杆的内侧。

3.2.4 加固杆的搭设

1. 门式脚手架剪刀撑的设置条件

(1) 当门式脚手架搭设高度在24m及以下时，在脚手架的转角处，两端及中间间隔不超过 15m 的外侧立面必须各设置一道剪刀撑，并应由底到顶连接设置。

（2）当脚手架搭设高度超过 24m 时，在脚手架全外侧立面上必须设置连接剪刀撑。

（3）对于悬挑脚手架，在脚手架全外侧立面上必须设置连续剪刀撑。

2. 剪刀撑的搭设规定

（1）剪刀撑的斜杆与地面的倾角宜为 45°～60°。

（2）剪刀撑应采用旋转扣件与门架立杆扣紧。

（3）剪刀撑斜杆应采用搭接接长，搭接长度不宜小于 1000mm，搭接处应采用 3 个及以上旋转扣件扣紧。

（4）每道剪刀撑的宽度不应大于 6 个跨距，且不应大于 10mm，也不应小于 4 个跨距且不应小于 6m。设置连接剪刀撑的斜杆水平间距宜为 6～8m。

3. 门式脚手架水平加固杆的设置要求

应在门架两侧的立杆上设置纵向水平加固杆，并应采用扣件与门架扣紧，水平加固杆设置应符合下列要求：

（1）在顶层，连墙杆设置层必须设置。

（2）当脚手架每步铺设挂扣式脚手板时，至少每 4 步应设置一道，并宜在有连墙件的水平层设置。

（3）当脚手架搭设高度小于或等于 40m 时，至少每两步门架应设置一道。当脚手架搭设高度大于 40m 时，每步门架应设置一道。

（4）在脚手架的转角处，开口型脚手架端部的两个跨距内，每步门架应设置一道。

（5）悬挑脚手架每步门架应设置一道。

（6）在纵向水平加固杆设置层面上应连续设置。

4. 门式脚手架扫地杆的设置要求

门式脚手架底层门架下端应设置纵横向通长的扫地杆。纵向扫地杆应固定在距门架立杆底端不大于 200m 处的门架立杆上，横向扫地杆宜固定在紧靠纵向扫地杆下方的门架立杆上。

5. 门式脚手架加固杆的搭设总要求

（1）水平加固杆、剪刀撑等加固杆件必须与门架同步搭设。

（2）水平加固杆应设于门架立杆内侧，剪刀撑应设于门架立杆外侧。

（3）门式脚手架连墙件的安装必须符合下列规定：

1）连墙件的安装必须随脚手架搭设同步进行，严禁滞后安装。

2）当脚手架操作层高出相邻连墙件以上两步时，在连墙件安装完毕前必须采用确保脚手架稳定的临时拉结措施。

3）连墙件宜垂直于墙面，不得向上倾斜，连墙件埋入墙身的部分必须锚固可靠。

4）连墙件应连于上、下两榀门架的接头附近。

5）当采用一支一拉的柔性连墙构造时，拉、支点间距应不大于 400mm。

（4）加固杆、连墙件等杆件与门架采用扣件连接时应符合下列规定：

1）扣件规格应与所连接的钢管的外径相匹配。

2）扣件螺栓拧紧扭力矩应为 40～65N·m。

3）杆件端头伸出扣件盖板边缘长度不应小于 100mm（图 3-7）。

图 3-7　门式外脚手架

3.2.5　门式脚手架的通道口搭设

门式脚手架通道口斜撑杆、托架梁及通道口两侧的门架立杆加强杆件应与门架同步搭设，严禁滞后安装，如图 3-8 所示。

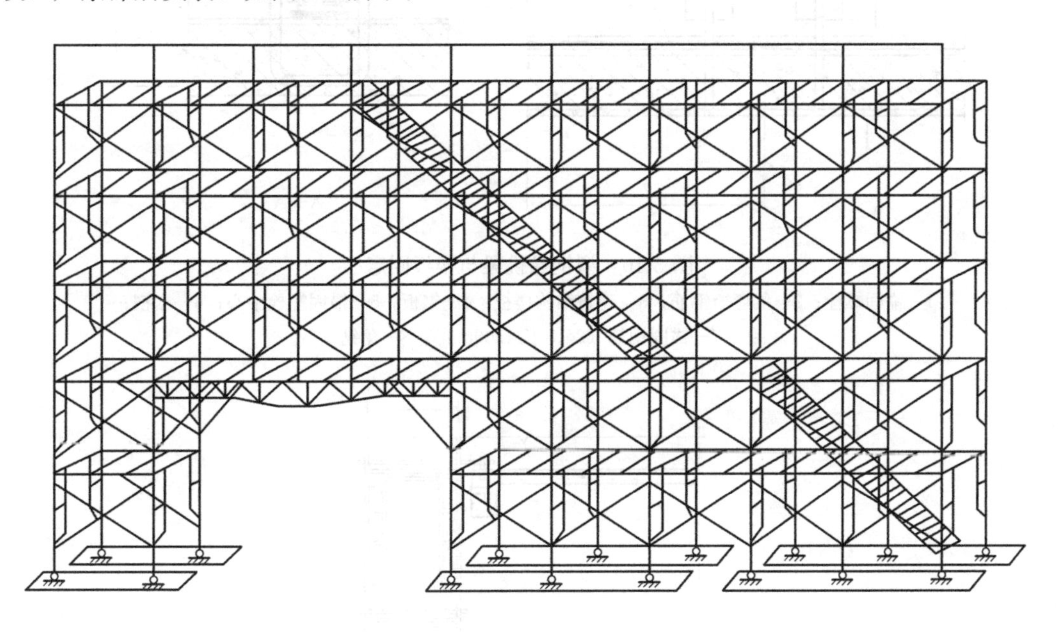

图 3-8　门式脚手架的通道口搭设

3.2.6　悬挑脚手架的搭设

悬挑脚手架的悬挑支承结构应根据施工方案布设，其位置应与门架立杆位置对应，每一跨距宜设置 1 根型钢悬挑梁，并应按确定的位置设置预埋件，如图 3-9～图 3-11 所示。

悬挑脚手架在底层应满铺脚手架，并应将脚手板与型钢梁连接牢固。

型钢悬挑梁与 U 形钢筋拉环或螺栓连接应坚固。当采用钢筋拉环连接时，应采用钢楔或硬木楔塞紧；当采用螺栓钢压板连接时，应采用双螺母打紧。严禁型钢悬挑梁晃动。

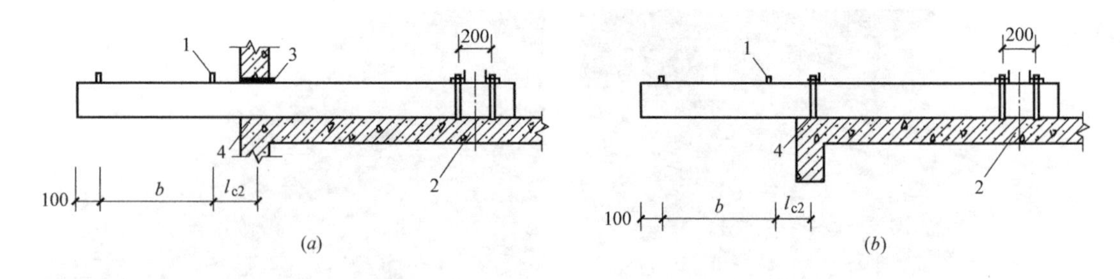

图 3-9 型钢悬挑梁在主体结构上的设置

(*a*) 型钢悬挑梁穿墙设置；(*b*) 型钢悬挑梁楼面设置

1—*DN*25 短钢管与钢梁焊接；2—锚固段压点；3—木楔；4—钢板（150mm×100mm×10mm）

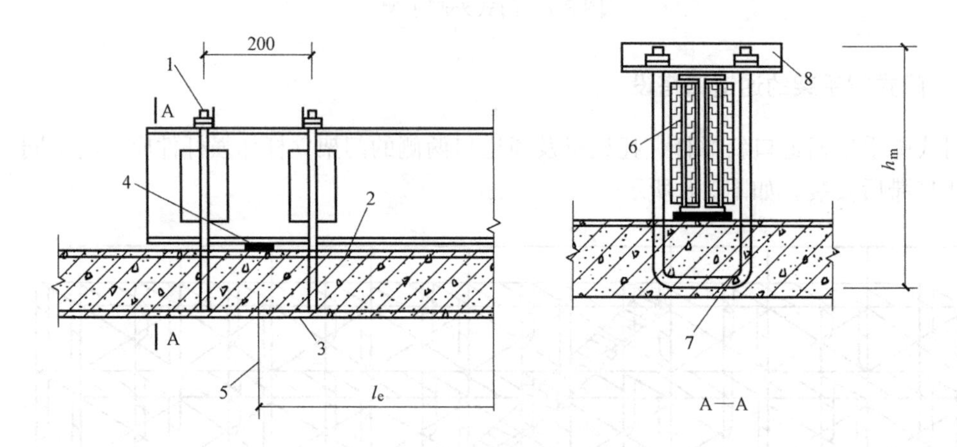

图 3-10 型钢悬挑梁与楼板固定

1—锚固螺栓；2—负弯矩钢筋；3—建筑结构楼板；4—钢板；5—锚固螺栓中心；6—木楔；7—锚固钢筋（2ϕ18 长 1500mm）；8—角钢

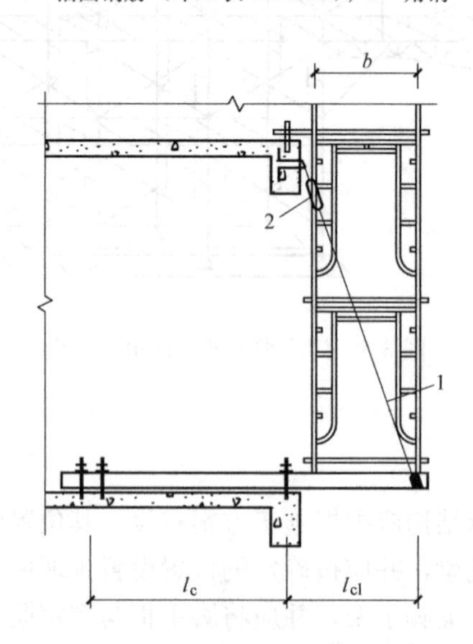

图 3-11 型钢悬挑梁端钢丝绳与建筑结构拉结

1—钢丝绳；2—花篮螺栓

悬挑脚手架底层门架立杆与型钢悬挑梁应可靠连接，不得滑动或窜动。型钢梁上应设置固定连接棒与门架立杆连接，连接棒的直径不应小于 25mm，长度不应小于 100mm，应与型钢梁焊接牢固。

悬挑脚手架的底层门架两侧立杆应设置纵向扫地杆，并应在脚手架的转角处、两端和中间间隔不超过 15mm 的底层门架上各设置一道单跨距的水平剪刀撑，剪刀撑斜杆应与门架立杆底部扣紧。

在建筑平面转角处，型钢悬挑梁应经单独计算设置；架体应按步设置水平连接杆，并应与门架立杆或水平加固杆扣紧，如图 3-12、图 3-13 所示。

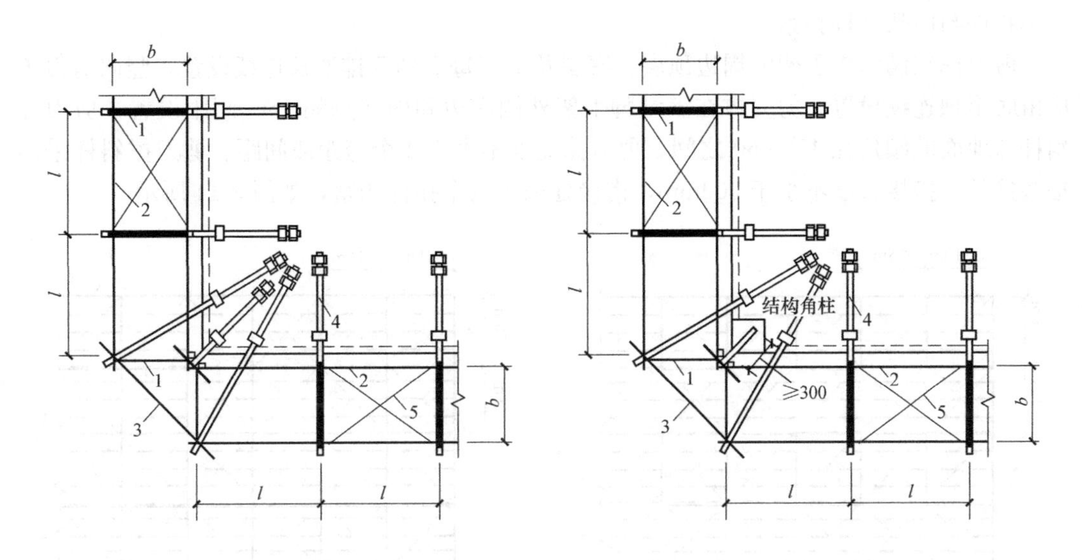

图 3-12　建筑平面转角处型钢悬挑梁设置（1）

1—门架；2—水平加固杆；3—连接杆；4—型钢悬挑梁；5—水平剪刀撑

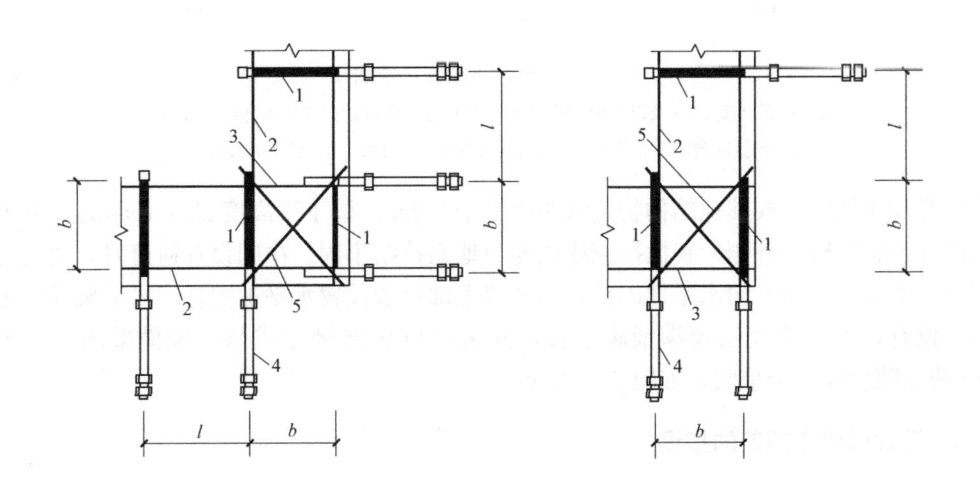

图 3-13　建筑平面转角处型钢悬挑梁设置（2）

1—门架；2—水平加固杆；3—连接杆；4—型钢悬挑梁；5—水平剪刀撑

3.2.7 满堂脚手架的搭设

满堂脚手架的门架跨距和间距应根据实际荷载计算确定，门架净间距不宜超过 1.2m。满堂脚手架的高宽比不应大于 4，搭设高度不宜超过 30m。

搭设前先弹出门架立杆位置线，垫板、底座安放位置准备，底步门架的立杆设置可调底座，可调底座调节螺杆伸出长度不超过 20cm。

门架安装自一端向另一端延伸，并逐层改变搭设方向，不得相对进行，每搭完一步架后检查并调整其水平度与垂直度。每步门架两侧立杆上设置纵向、横向水平加固杆，并应采用扣件与门架立杆扣紧。

剪刀撑在满堂脚手架的周边顶层、底层及中间每 5 列 5 排通长连续设置，竖向剪刀撑应由底至顶连续设置。剪刀撑在满堂脚手架外侧周边和内部每隔 15m 间距设置，剪刀撑斜杆与地面的倾角在 45°～60°之间，剪刀撑宽度不大于 4 个跨距或间距。剪刀撑斜杆采用搭接接长，搭接长度不小于 600mm，搭接处采用两个扣件扣紧，如图 3-14 所示。

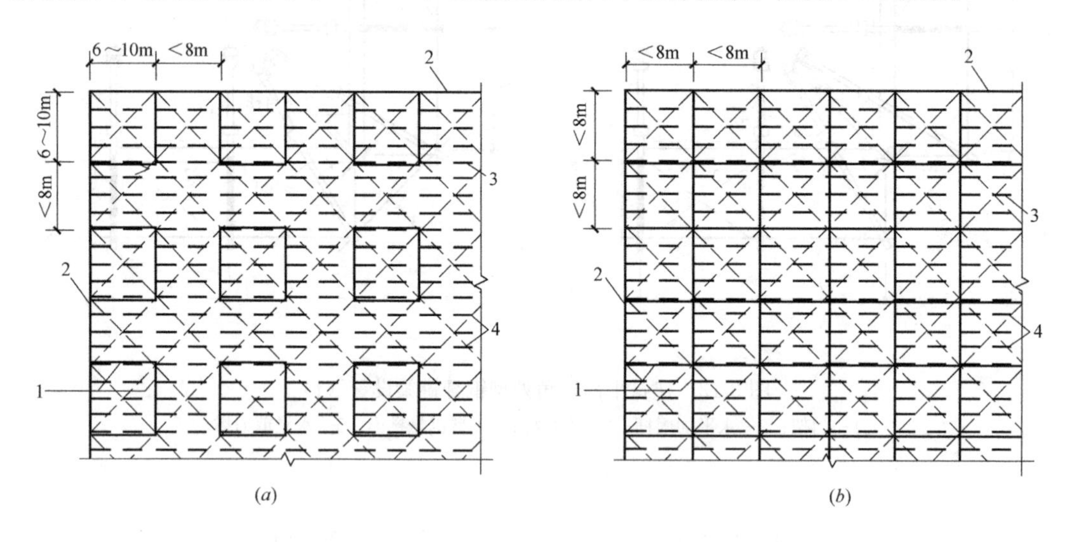

图 3-14 剪刀撑设置示意图

(*a*) 搭设高度 12m 及以下剪刀撑设置；(*b*) 搭设高度超过 12m 时剪刀撑设置

1—竖向剪刀撑；2—周边竖向剪刀撑；3—门架；4—水平剪刀撑

满堂脚手架距墙或其他结构物边缘距离小于 0.5m。脚手架高度超过 10m 时，上下层门架间要设置锁臂，外侧设置抛撑或缆风绳与地面拉结牢固。中间设置通道时，通道处底层门架可不设纵（横）向水平加固杆，但通道上部每步设置水平加固杆。水平架或脚手板应每步设置，顶步作业层要满铺脚手板，并采用可靠连接方式与门架横梁固定，大于 20cm 的缝隙应挂安全平网，如图 3-15 所示。

3.2.8 门式模板支撑架的搭设

根据层高、梁高及构件高度，配备相应模数的门架、可调底座、可调托架、剪刀撑。

搭设顺序：安装前按模数在楼面或地面弹出门架的纵横方向位置线，垫板、底座位置准备→门架及构配件安装、水平加固杆安装→模板支撑架验收→梁底主次楞及底模和侧模

图 3-15　门式满堂脚手架

安装→板底木楞、板模安装→模板及支撑系统验收，如图 3-16 所示。

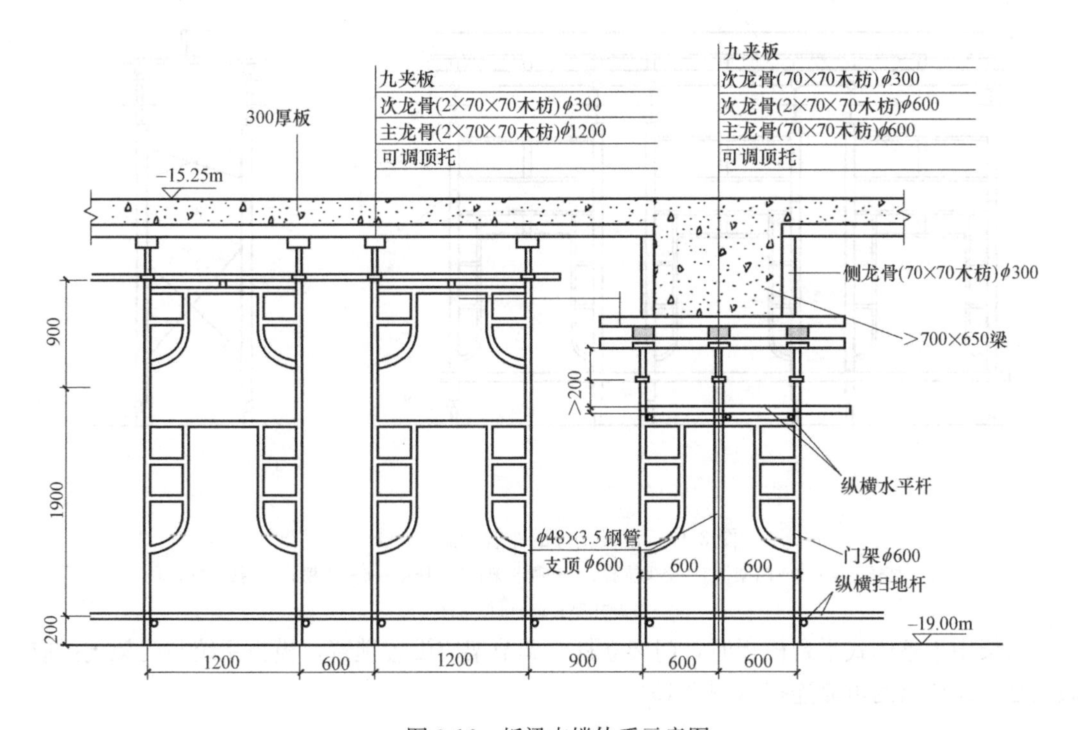

图 3-16　板梁支撑体系示意图

用于梁模板支撑的门架，可采用平等或垂直于梁轴线的布置方式。垂直于梁轴线布置，门架两侧应设置交叉支撑，平行于梁轴线设置时，两门架应采用交叉支撑或梁底模小楞连接牢固，如图 3-17 所示。

当梁模板支撑高度较高或荷载较大时，模板支撑可采用图 3-18 的构架形式。

板支架跨距（或间距）宜是梁支架跨距（或间距）的倍数，梁下横向水平加固杆应伸入板支架内不少于 2 根门架立杆，并应与板下门架立杆扣紧。当模板支架的高宽比大于 2 时，宜按规定设置缆风绳或连墙件。

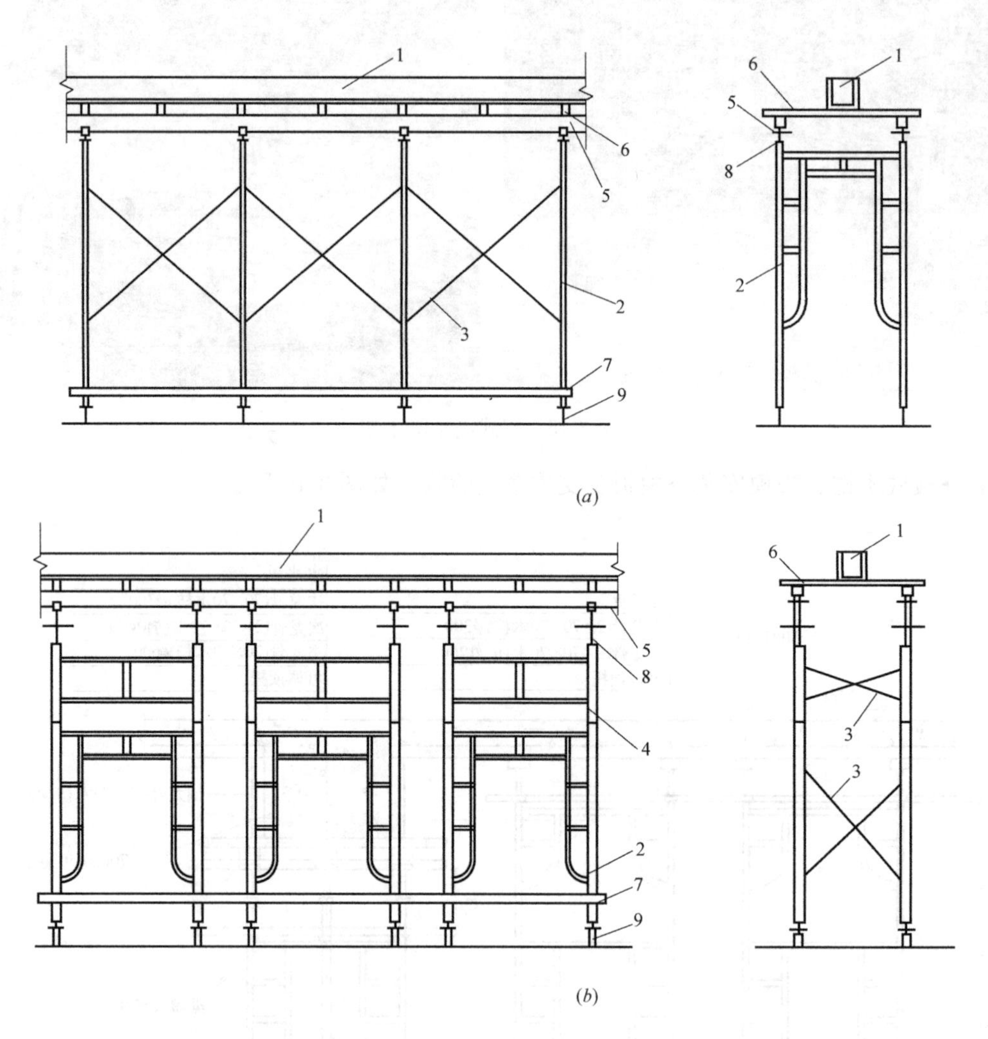

图 3-17　模板支撑的布置形式（一）

1—混凝土梁；2—门架；3—交叉支撑；4—调节架；5—托梁；6—小楞；7—扫地杆；
8—可调托座；9—可调底座

门架用于整体式平台模板时，门架立杆、调节架应设置锁臂，模板系统与门架支撑应做满足吊运要求的可靠连接（图 3-19）。

3.2.9　门式脚手架验收规定

1. 构配件的检查与验收

在架体搭设前，先对门架与配件进行检查验收，要求提供产品质量合格标志，门架和配件上标志清晰。

门架与配件表面应平直光滑、焊缝饱满，无裂缝、开焊、焊缝错位、硬弯、凹痕、毛刺、锁柱弯曲等缺陷；表面应涂刷防锈漆或镀锌。

周转使用的门架及配件应达到 A 类方可使用，不得使用 D 类门架和配件。

每使用一个安装拆除周期，应对锈蚀深度进行抽样检查，在锈蚀严重部位采用测厚仪

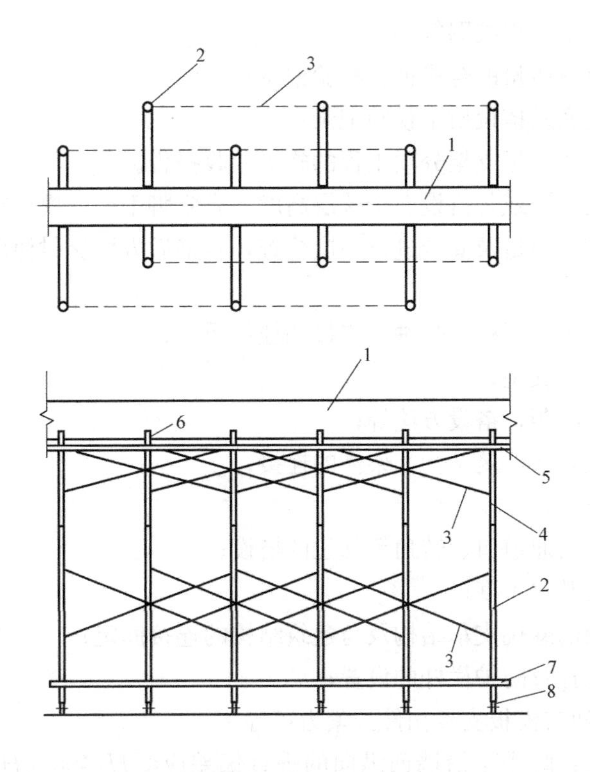

图 3-18 模板支撑的布置形式（二）

1—混凝土梁；2—门架；3—交叉支撑；4—调节架；5—托梁；6—小楞；
7—扫地杆；8—可调底座

图 3-19 门式模板支撑架

或横向截断取样检查，超过规定值则不得继续使用。

底座、托座、连墙件、型钢悬挑梁、U 形钢筋拉环或锚固螺栓，也应有产品质量合格证，在使用前进行外观质量检查，并对调节螺杆与门架立杆配合间隙进行检查。

2. 搭设检查与验收

搭设前，应对门式脚手架或模板支架的地基与基础进行检查验收。

在门式脚手架或模板支架搭设质量验收时，提供以下文件：

(1) 专项施工方案、组装图等；
(2) 构配件与材料质量的合格证、检验记录；
(3) 安全技术交底及搭设质量检验记录；
(4) 门式脚手架或模板支架分项工程的施工验收报告。

门式脚手架搭设完毕或每搭设 2 个楼层高度，满堂脚手架、模板支架搭设完毕或每搭设 4 步高度，应对搭设质量及安全进行一次检查，合格后方可交付使用或继续搭设。

检查的重点项目：
(1) 构配件和加固杆规格、品种、连接和挂扣质量；
(2) 基础、底座、支垫；
(3) 门架跨距、间距，搭设方法等；
(4) 连墙件设置，与建筑结构、架体的连接；
(5) 加固杆的设置；
(6) 门式脚手架的通道口、转角等部位的搭设；
(7) 架体垂直度及水平度；
(8) 悬挑脚手架的悬挑支承结构及与建筑结构的连接固定；
(9) 安全网的张挂及防护栏杆的设置；
(10) 门式脚手架与模板支架扣件拧紧力矩等。

脚手架的垂直度：脚手架沿墙面纵向的垂直偏差应$\leqslant H/400$（H 为脚手架高度）及 50mm；脚手架的横向垂直偏差$\leqslant H/600$ 及 50mm；每步架的纵向与横向垂直度偏差应$\leqslant h_0/600$(h_0 为门架高度)。

底步脚手架沿墙的纵向水平偏差应$\leqslant L/600$（L 为脚手架的长度）。

3. 使用过程中的检查

门式脚手架与模板支架在使用过程中应进行日常检查，以便发现问题得到及时处理，重点检查以下项目：
(1) 加固杆、连墙件有无松动，架体有无明显变形；
(2) 地基有无积水，垫板及底座有无松动，门架立杆有无悬空；
(3) 锁臂、挂扣件、扣件螺栓有无松动；
(4) 安全防护设施是否符合要求；
(5) 有无超载使用等。

使用过程中遇到下列情况应进行检查安全后再使用：
(1) 遇有 8 级以上大风或大雨过后；
(2) 冻结的地基土解冻后；
(3) 停用超过 1 个月；
(4) 架体遭受外力撞击等作用；
(5) 架体部分拆除；
(6) 其他特殊情况。

满堂脚手架与模板支架在施加荷载或浇筑混凝土时，应设专人看护检查，发现异常情况及时处理。

4. 拆除前检查

门式脚手架在拆除前，应检查架体构造、连墙件设置、节点连接，当发现有连墙件、剪刀撑等加固杆件缺少、架体倾斜失稳或门架立杆悬空情况时，要对架体先进行加固再拆除。

模板支架在拆除前，应检查架体各部位的连接构造、加固件的设置，应明确拆除顺序和拆除方法。

在拆除作业前，对拆除作业场地及周围环境应进行检查，拆除作业区内应无障碍物，作业场地临近的输电线路等设施应采取防护措施。

3.2.10 架体拆除的规定

1. 拆架准备

拆除脚手架前，应清除脚手架上的材料、工具和杂物。

拆除脚手架时，应设置警戒区，设立警戒标志，并由专人负责警戒。

2. 拆架顺序

脚手架的拆除，应在统一指挥下，按后装先拆、先装后拆的原则，按下列程序进行：

(1) 从跨边起先拆顶部扶手与栏杆柱，然后拆脚手板（或水平架）与扶梯段，再卸下水平杆加固杆和剪刀撑。

(2) 自顶层跨边开始拆卸交叉支撑，同步拆下顶撑连墙杆与顶层门架。

(3) 继续向下同步拆除第二步门架与配件。

(4) 连续同步往下拆卸。对于连墙杆、长水平杆、剪刀撑，必须在脚手架拆卸到相关跨门架后，方可拆除。

(5) 拆除扫地杆、底层门架及封口杆。

(6) 拆除基座，运走垫板和垫块。

3. 脚手架的拆除必须遵守下列安全要求

(1) 脚手架的拆除应从一端走向另一端，自上而下逐层地进行。

(2) 同一层的构配件应按先上后下、先外后里的顺序进行，最后拆除连墙件。

(3) 在拆除过程中，脚手架的自由悬臂高度不得超过两步，当必须超过两步时，应加设临时拉结。

(4) 连墙杆通长水平杆和剪刀撑等，必须在脚手架拆除到相关的门架方可拆除。

(5) 工人必须站在临时设置的脚手板上进行拆除作业。

(6) 拆除工作中，严禁使用榔头等硬物击打、撬挖。拆下的连接棒应放入袋内，锁臂应先传递至地面并放入室内堆存。

(7) 拆卸连接部件时，应先将锁座上的锁板与搭钩上的锁片转至开启位置，然后开始拆卸，不准硬拉，严禁敲击。

(8) 拆除的门架、钢管与配件，应成捆用机械吊运或井架传送至地面，防止碰撞，严禁抛掷。

4. 季节性施工措施

(1) 冬期施工措施

1) 检查脚手架基础，防止架体增加冰雪荷载后基础下沉。

2）连墙杆、高大脚手架、空旷地区脚托架、临街工程脚手架等要适当加密，增强稳定性。

3）脚手架上下跑道必须设置防滑条，搭设作业时，架子工必须穿防滑鞋。

4）天气转好后，要及时清除脚手架上积雪，减少荷载。

5）要确保脚手架搭设高度跟上施工进度，特别是坡屋面处的外脚手架高度必须高出檐口 1.5m 以上。

（2）台风季节施工措施

1）加强台风季节施工时的信息反馈工作，密切关注天气预报，并及时做好防范施工。台风到来前进行全面检查。

2）对外架进行细致的检查，特别是要注意连墙杆是否牢固，扣件有无松脱现象，外架与结构的拉结要增加固定点，同时外架上的全部零星材料及杂物要及时清理干净。

3）台风到来时人员停止施工，台风过后对脚手架进行全面检查，重点检查杆件节点、连墙杆等细部。没有安全隐患时才可恢复。

（3）夏期施工措施

1）对高温作业人员进行作业前和入暑前的健康检查，凡检查有高血压、低血糖、心脏病、脑血管疾病等不宜在高温环境下作业的人员，要及时调换岗位，不得在高温条件下作业。

2）积极与当地气象部门联系，尽量避免在高温天气进行大工作量施工。

3）施工作业场所要采取有效的通风、散热等降温措施，供应清凉饮料和洁净用水，配备防暑和急救药品（如藿香正气水、十滴水及云南白药、医用纱布等），防止人员中暑。高处作业环境下，除落实防暑降温措施外，还应安排专人现场监护，防止意外。

4）采用合理的劳动休息制度，可根据实际情况，在气温较高的条件下，适当调整作息时间，早晚工作，中午休息。当气温达到 38℃及以上时，原则上要停工。

5）改善宿舍、职工生活条件，确保防暑降温物品及设备落到实处。

6）根据工地实际情况，尽可能调整劳动力组织，采用勤倒班的方法，缩短一次连续作业时间。

（4）雨期施工措施

1）原则上遇到雨天应停止脚手架的搭设和拆除作业。落地式脚手架底部应高于自然地坪 50mm，并夯实整平，留一定的散水坡度，在周围设置排水措施，防止雨水浸泡脚手架。

2）大雨后要组织人员检查脚手架是否牢固，如有倾斜、下沉、松扣、崩扣和安全网脱落等现象，要及时进行处理。

3）脚手架应做好避雷措施，也可利用建筑物自身的避雷设施，接地电阻一定要符合要求。施工现场高出建筑物的金属脚手架等高架设施，如果在相邻建筑物、构筑物的防雷装置保护范围以外，在表 3-3 规定的范围内，则应当按照规定设置防雷装置，并经常进行检查。

如果最高机械设备上的避雷针，其保护范围按照 60℃计算能够保护其他设备，且最后退出现场，其他设备可以不设置避雷装置。

施工现场内机械设备及高架设施需安装防雷装置的规定 **表 3-3**

地区平均雷暴日 t(d)	机械设备高度(m)
$t \leqslant 15$	≥50
$15 < t \leqslant 40$	≥32
$40 < t \leqslant 90$	≥20
$t > 90$ 及雷灾特别严重地区	≥12

4）雨期要检查现场电器设备的接零、接地保护措施是否牢固，漏电保护装置是否灵敏，电线绝缘接头是否良好。各种露天使用的电器设备应选择在较高的干燥处放置。

5）雨季防滑，在工作面、马道等人员通行的地方设置必要的防滑措施。

6）在距脚手架外立杆外设一排水沟，及时将雨水排走，以免脚手架基础被雨水浸泡造成地基沉陷。应在雨前检查立杆垫木是否有效，有无塌陷。

5. 质量保证措施

（1）材料进场前必须有质量合格证明书，进场后必须送检合格后方可使用。

（2）搭设与拆除方案必须经过相关人员审核合格后方可实施。

（3）门式脚手架搭设与拆除前由技术负责人对施工管理人员和搭设人员分别进行详细的技术交底，特别是其中的要点和关键部位。

（4）建立现场搭设和拆除监督及管理的组织，实行岗位责任制，明确分工和责任。

（5）在搭设和拆除的开始及过程中，安排专职安全员进行监督，发现问题及时指正。

（6）实行验收制度。每搭设完一层后，在项目内部自检通过的基础上，组织技术负责人和监理一起进行验收，验收发现的问题必须及时安排有关人员进行有效的整改并复检合格后方可进行上一层的搭设。

（7）定期（每月或每周）对脚手架进行专项的检查，形成检查记录并及时安排相关人员落实整改好。过程中特别是装饰阶段要注意连墙杆有没有被违规拆除。

6. 架体搭设、使用、拆除的安全技术措施

（1）搭拆门式脚手架或模板支架应由专业持证上岗的架子工担任，上岗人员应定期体检，避免不适合登高者登高操作。

（2）施工作业层应铺设脚手板，操作人员应按规定使用安全防护用品、穿防滑鞋后站在脚手板上作业。

（3）门式脚手架与模板支架作业层上严禁超载。

（4）严禁将模板支架、缆风绳、混凝土泵管、卸料平台等固定在门式脚手架上。

（5）六级及以上大风天气应停止架上作业；雨雪、雾天应停止脚手架的搭拆作业；雨、雪、霜后上架作业应采取有效的防滑措施，并应扫除积雪。

（6）门式脚手架与模板支架在使用期间，当预见可能有强风天气所产生的风压值超出基本风压值时，对架体应采取临时加固措施。

（7）在门式脚手架使用期间，脚手架基础附近严禁进行挖掘作业。

（8）满堂脚手架与模板支架的交叉支撑和加固杆，在施工期间禁止拆除。

（9）门式脚手架在使用期间，不应拆除加固杆、连墙件、转角处连接杆、通道口斜撑杆等加固杆件。

（10）当施工需要脚手架的交叉支撑可在门架一侧局部临时拆除，但在该门架单元上下应设置水平加固杆或挂扣式脚手板，在施工完成后应立即恢复安装交叉支撑。

（11）应避免装卸物料对门式脚手架或模板支架产生偏心、振动和冲击荷载。

（12）门式脚手架外侧应设置密目式安全网，网间应严密，防止坠物伤人。

（13）门式脚手架与架空输电线路的安全距离、工地临时用电线路架设及脚手架接地、防雷措施，应符合相关规范要求。

（14）在门式脚手架或模板支架上进行电、气焊作业时，必须有防火措施和专人看护。

（15）搭拆门式脚手架或模板支架作业时，必须设置警戒线、警戒标志，并应派专人看守，严禁非作业人员入内。

（16）对门式脚手架与模板支架应进行日常性的检查和维护，架体上的建筑垃圾或杂物应及时清理。

3.3 施工实例解析

门式脚手架是一种工厂生产、现场组拼的脚手架，是当今国际上应用最普遍的脚手架之一。它不仅可作为外脚手架，也可作为移动式里脚手架或满堂脚手架。

因门式钢管脚手架几何尺寸标准化，结构合理，受力性能好，充分利用钢材强度，承载能力高，施工中装拆容易、架设效率高，省工省时，安全可靠，经济适用，所以其适用范围很广：

（1）构造定型脚手架；

（2）作梁、板构架的支撑架（承受竖向荷载）；

（3）构造活动工作台。

具体应用于：楼宇、厅堂、桥梁、高架桥、隧道等模板内支顶或作飞模支承主架；机电安装、船体修造及其他装修工程的活动工作平台；利用门式脚手架配上简易屋架，构成临时工地宿舍、仓库或工棚等（图 3-20～图 3-24）。

图 3-20　装饰工程中应用

图 3-21　安装工程中应用

图 3-22　电视剧《人民的名义》中出现的自由组合的临时楼梯

图 3-23　灵活应用的临时登高架

图 3-24　搭设圆形建筑的外架

以上是门式脚手架的优势特点，缺点就是构架尺寸无任何灵活性，构架尺寸的任何改变都要另一种型号的门架及其配件，交叉支撑易在中铰点处折断；定型脚手架较脆。因此在搭设上要很注意细节，比如铺设顺序，不是简单的在搭设上就可以的，很多步骤上也很重要（图 3-25、图 3-26）。

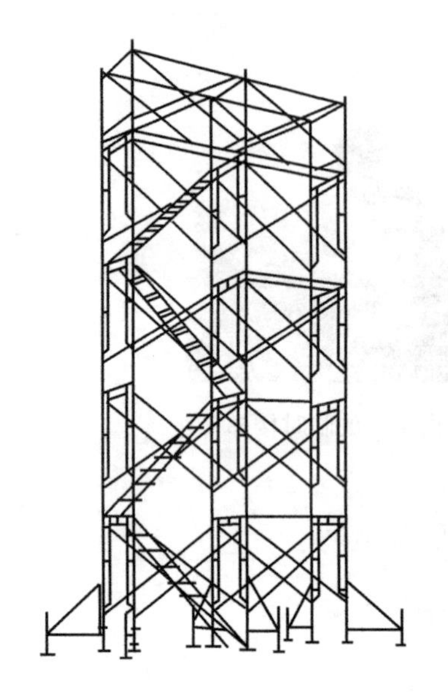

图 3-25　门式脚手架搭设示意图

图 3-26　门式脚手架搭设实例

第 4 章　挂、盘扣脚手架施工与验收

4.1　盘扣式脚手架

4.1.1　盘扣式脚手架主要技术内容

脚手架指为建筑施工而搭设的上料、堆料与施工作业用的临时结构架。中国在 20 世纪 50 年代初期，施工脚手架大多采用竹或木材搭设，如图 4-1 所示。

图 4-1　竹制脚手架

承插型盘扣式脚手架于 20 世纪 80 年代从欧洲引进，又称圆盘式脚手架，也被业内人士称为“雷亚架”，是一种具有自锁功能的直插式新型钢管脚手架，亦是建筑行业作为推广的 10 项新技术之一。本章所指的盘扣式脚手架需遵循行业标准《建筑施工承插型盘扣式钢管支架安全技术规程》JGJ 231—2010。

不少工程从业者将盘扣式脚手架与轮扣式脚手架混为一谈，很明显对这两种脚手架的认识不够透彻，盘扣式（圆盘式）脚手架与轮扣式脚手架并不是同一类型，图 4-2 为典型盘扣式端节点。

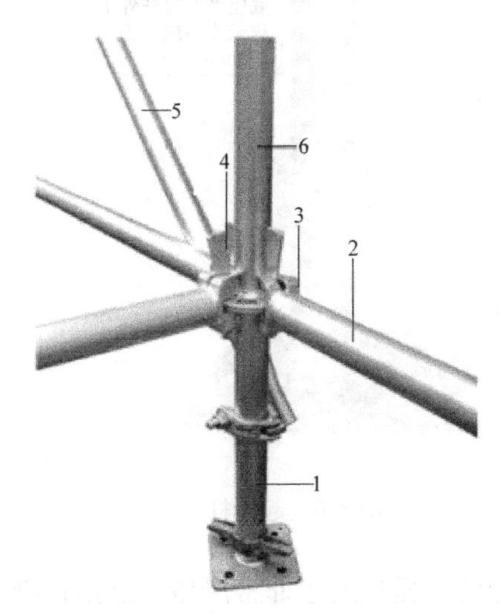

图 4-2　典型盘扣式端节点

1—可调支座；2—水平杆；3—连接盘；4—插销；5—斜杆；6—立杆

1. 承插型盘扣式脚手架组成

盘扣式脚手架，主要由带圆盘的立杆、带横杆头的水平杆、带斜拉头的斜拉杆、起始杆、楔形销等组成，如图 4-3～图 4-8 所示。

水平杆通常采用 Q235A 材质的 $\phi48\times2.5$ 钢管进行热镀锌工艺处理，水平杆长度一般按 0.3m 模数设置，两端焊横杆头。

水平杆与斜杆采用杆端扣接头卡入，用楔形插销连接，形成安全稳定、结构可靠、几何不变的钢管支架，根据其用途可分为模板支架和脚手架两类，立杆连接如图 4-9 所示。

盘扣式脚手架的立杆上每隔一定距离焊以圆盘，水平杆、斜杆两端均设有插头，如图 4-10 所示。

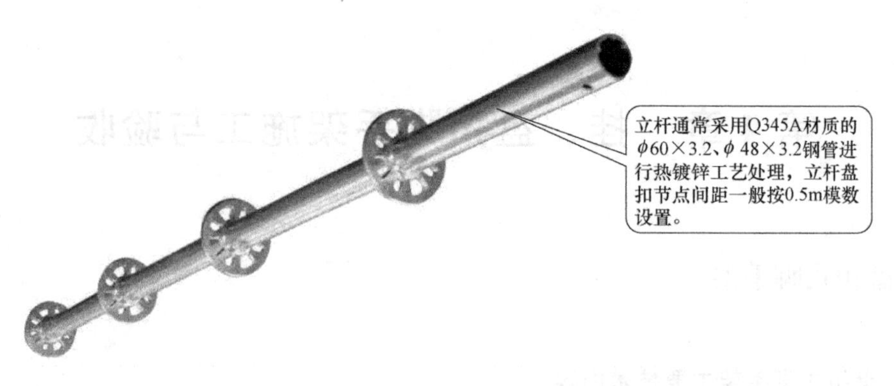

立杆通常采用Q345A材质的
ϕ60×3.2、ϕ 48×3.2钢管进
行热镀锌工艺处理，立杆盘
扣节点间距一般按0.5m模数
设置。

图 4-3　立杆

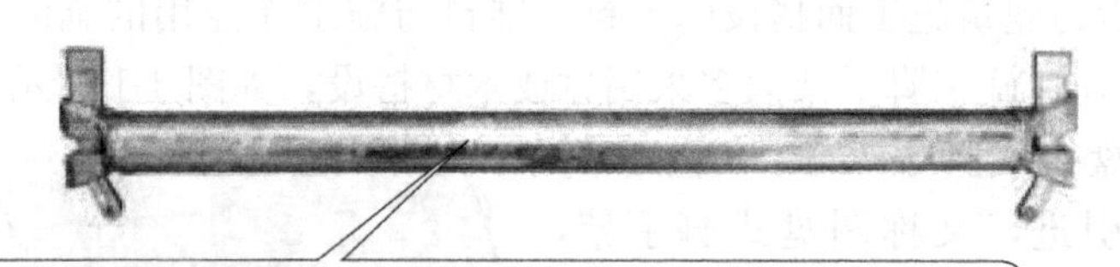

水平杆具有可靠的双向自锁能力，横杆与立杆在连接片的锁紧功能设计上已保证
实现，减少了传统脚手架靠人工锁紧的缺点，使人员这一不稳定因素最大限度地
降低了，同一节点处多个横杆与同一立杆的连接锁紧形式由传统的互锁式变成了
单个独立、互不干扰的自锁形式。

图 4-4　水平杆（一）

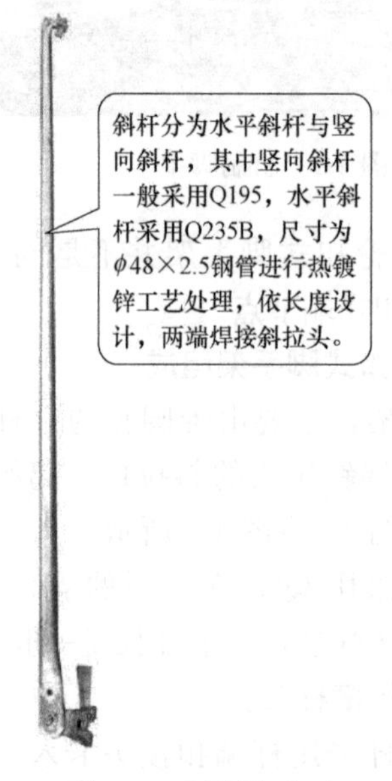

斜杆分为水平斜杆与竖
向斜杆，其中竖向斜杆
一般采用Q195，水平斜
杆采用Q235B，尺寸为
ϕ48×2.5钢管进行热镀
锌工艺处理，依长度设
计，两端焊接斜拉头。

图 4-5　水平杆（二）

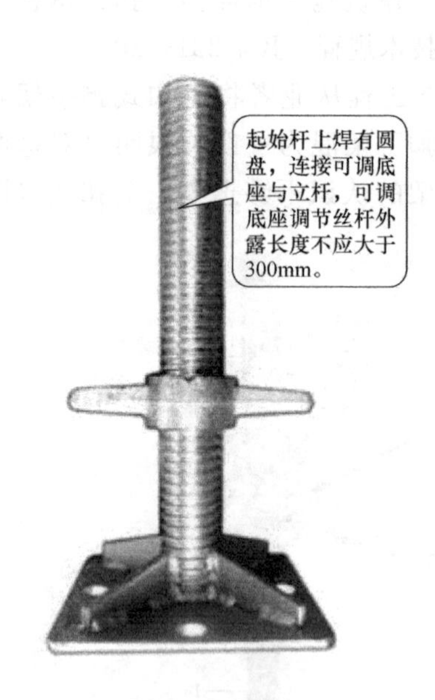

起始杆上焊有圆
盘，连接可调底
座与立杆，可调
底座调节丝杆外
露长度不应大于
300mm。

图 4-6　起始杆

盘扣式脚手架的盘扣是整个脚手架中最重要的配件，质量要求非常严格。盘扣式脚手架具有可靠的双向自锁能力，解决了传统脚手架靠人工锁紧的不足。盘扣式脚手架在使用过程中，只需把横杆两端插头插入立杆相应的锥孔中，再敲紧即可，其连接拆卸的快速便利性和搭接质量远远超出了目前使用的脚手架。

圆盘可扣接8个方向，为八边形或圆环形孔板，一般为10mm厚，材质为Q235B钢板；斜拉头用楔形销卡于圆盘大孔；横杆头用楔形销卡于圆盘小孔。

图 4-7　圆盘

图 4-8　承插型盘扣式脚手架角、边、中节点

图 4-9　承插型盘扣式脚手架立杆连接

通过敲击楔型插销将焊接在横杆、斜拉杆的插头与焊接在立杆的圆盘锁紧。

图 4-10　承插型盘扣式脚手架立杆典型中节点

2. 承插型盘扣式脚手架特点

安全、承载能力强。盘扣式脚手架立杆采用Q345A级钢，其承载能力比一般的脚手架使用Q235级钢的单立杆荷载较高，可超过20t。配套使用脚手架钢板，操作人员在面对紧急情况时提供紧急疏散通道，可保障操作人员的安全。

安装、拆除效率高。所有的连接都是由插销、螺栓连接的，只要一个作业锤就可以完成作业。表4-1是三种类型脚手架搭设、拆除效率的对比。

不同类型脚手架搭设、拆除效率比较　　表4-1

类别	搭设工效	拆除工效
钢管扣件式脚手架	25～35m/d	35～45m/d
碗扣式脚手架	40～55m/d	55～70m/d
承插型盘扣式脚手架	100～160m/d	130～300m/d

环保、综合效益高。目前市场上承插型盘扣式脚手架价格高于普通扣件式钢管脚手架，但从长远来看，实际平均每年的费用成本要低。由于采用低合金结构钢，表面热浸镀锌处理后，与其他支撑体系相比，在同等荷载情况下，材料可以节省1/3左右，产品寿命可达15年，每3～5年保养一次即可，节省相应的运输费、搭拆人工费、管理费、材料损耗等费用，表4-2是对普通扣件式钢管脚手架与盘扣式钢管支架的全方位比较。

普通扣件式钢管脚手架与盘扣式钢管支架比较　　表4-2

对比项目	普通扣件式钢管脚手架	盘扣式钢管支架
立杆钢管材质	Q195～Q235B普通碳素钢	Q345低合金钢
钢管壁厚	钢管一般按照2.75mm壁厚计算，工程中壁厚不足	立杆钢管壁厚3.2mm，材料质量均匀
受力特点	竖向荷载通过扣件与钢管摩擦力传递，偏心受力，整体稳定性及可靠性差	竖向荷载通过顶托传递给立杆，轴心受力，整体稳定性及可靠性好
承载能力	单根立杆承载能力≤20kN	单根立杆承载能力≤75kN
腐蚀性能	外表油漆，内壁裸露，易锈蚀	双面热镀锌处理，不易锈蚀
安全性能	低	高
拆除工时	扣件节点，搭拆速度慢	插销式节点，搭拆快捷
结论	搭设灵活，可靠性差，用钢量大，搭设工作量和劳动强度大，施工效率低	结构设计合理，可靠性差，承载能力较大，系统灵活性及通用性好，施工效率高，热镀锌防腐，周转时间长

4.1.2 盘扣式脚手架施工

盘扣式脚手架施工搭设方便快捷，操作非常方便，无需专业架子工搭设，普通小工完全能胜任，一把锤子即可完成所有操作，施工中无需人工校正调整，可有效地缩短工期，插销安装如图4-11所示。

工程经验表明：盘扣式脚手架搭拆速度是扣件脚手架的4倍以上，是碗扣脚手架的2倍以上。

搭设过程中，只需要把横杆两端插头插入立杆上相对应的锥孔中，再敲紧即可，立杆与立杆之间以套管连接，无需紧固。

插销连接应保证锤击自锁后不拔脱，抗拔力不得小于3kN。插销应具有可靠防拔脱构造措施，且应设置便于目视检查楔入深度的刻痕或颜色标记。

图 4-11　承插型盘扣式脚手架插销安装要点

承插型盘扣式脚手架施工要注意的事项，如图 4-12～图 4-14 所示。

盘扣式脚手架安装基础必须要夯实平整并采取混凝土硬化措施；盘扣式脚手架宜使用同一标高的梁板、底板的标高范围。

图 4-12　承插型盘扣式脚手架场地硬化要求

前期应做好支撑体系的专项施工方案设计，方案审核通过后方可施工。应对支架稳定性、抗倾覆、水平杆及斜杆承载力、连接盘抗剪承载力、立杆地基承载力等进行安全验算，高度和跨度较大的单一构件使用时，应进行横杆拉力和立杆轴向压力的验算。

搭设流程：定位、放样、摆放可调底座→安放起始杆及首层水平横杆→安装首层立杆→安装第二层水平横杆→安装首层竖向斜杆→立杆接长安装→根据架体步距安装第二步水平杆→安装第二步竖向斜杆→安装顶托→安装主龙骨等，如图 4-15～

图 4-24所示。

根据合同确定放线定位单位，使支撑体系横平竖直，以保证后期剪刀撑和整体连杆的设置，确保其整体稳定性和抗倾覆性。

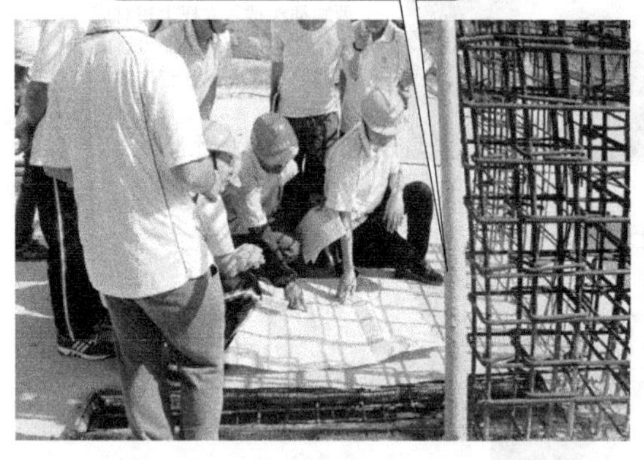

图 4-13　盘扣式脚手架搭设前准备工作

进入施工现场的钢管支架及构配件应在使用前进行复检，使用前应对其外观进行检查，必须具有产品质量合格证、使用说明书及检测报告。

图 4-14　盘扣式脚手架进场复检

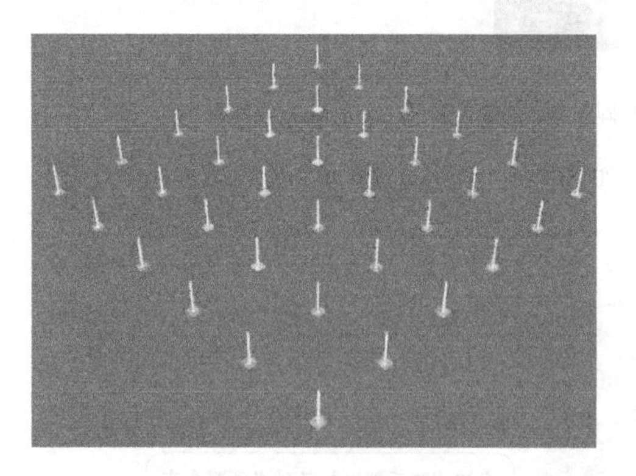

图 4-15　定位及可调底座施工

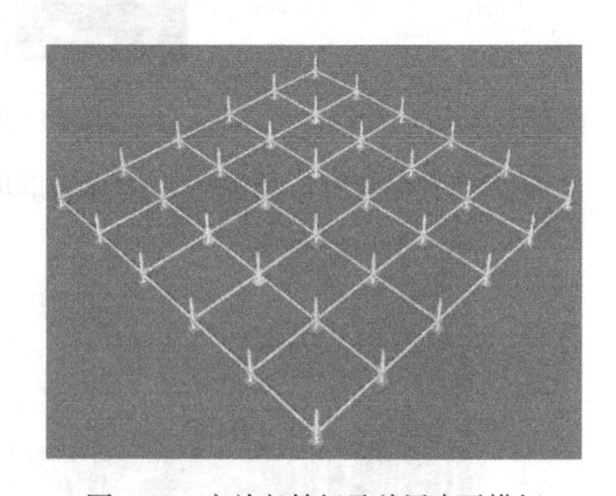

图 4-16　安放起始杆及首层水平横杆

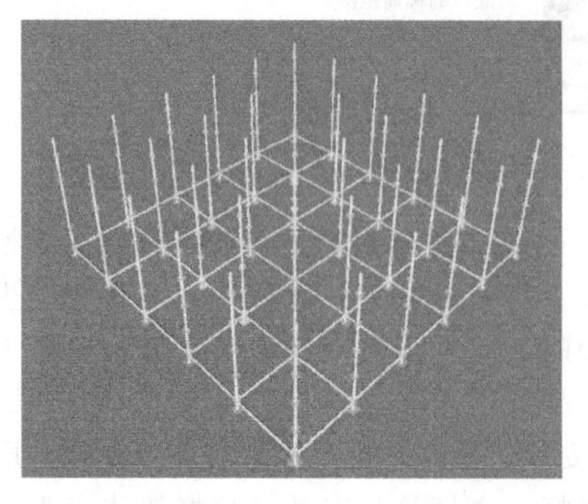

图 4-17　安装首层立杆

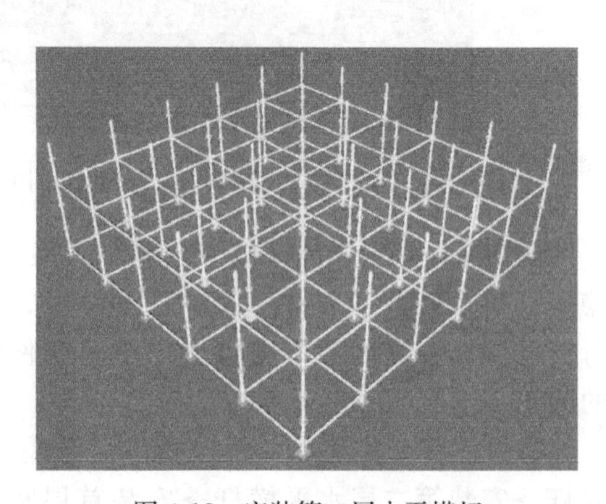

图 4-18　安装第二层水平横杆

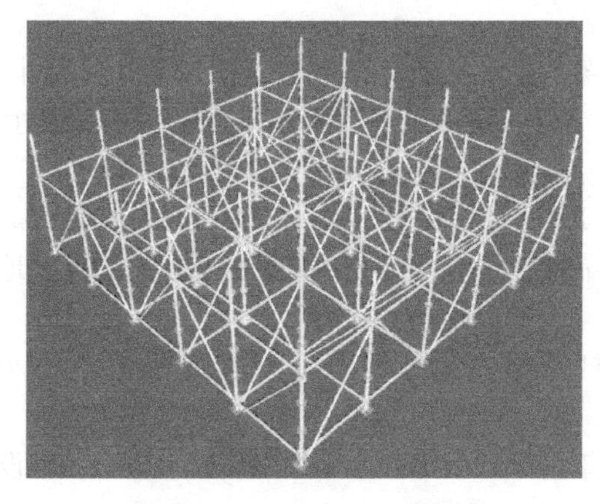

图 4-19　安装首层竖向斜杆

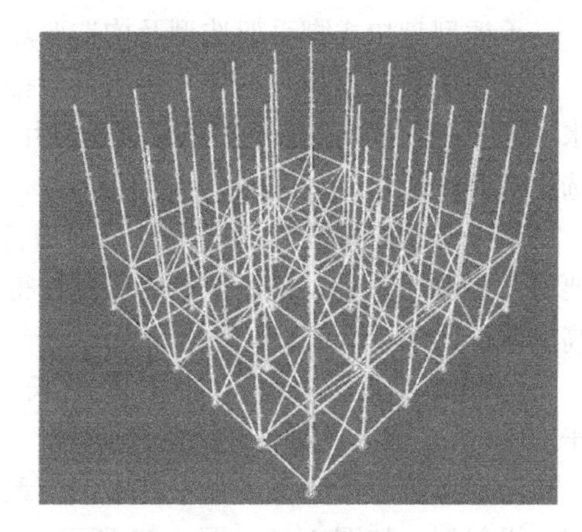

图 4-20　立杆接长

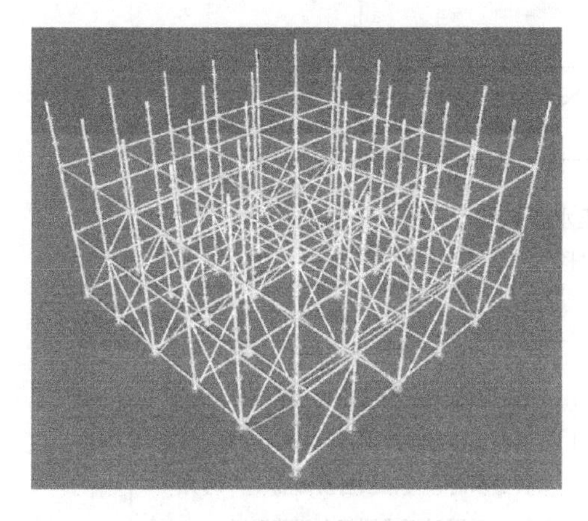

图 4-21　安装第二步水平杆

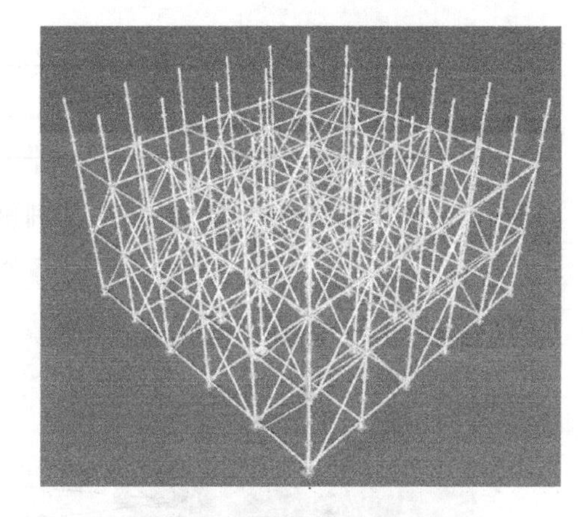

图 4-22　安装第二步竖向斜杆

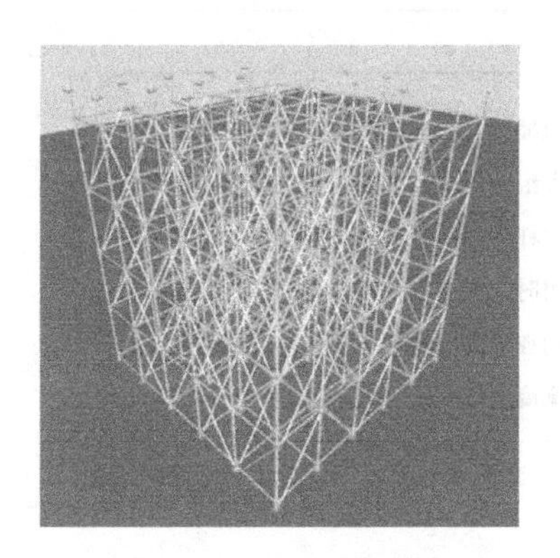

图 4-23　安装顶托

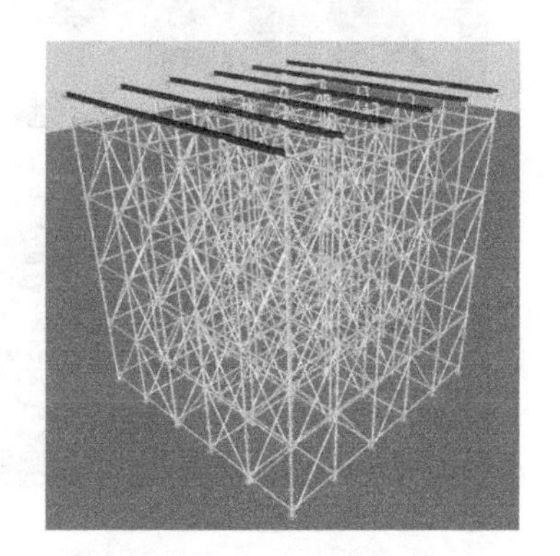

图 4-24　安装龙骨

盘扣式脚手架常用的有 ϕ60 系列重型支撑架和 ϕ48 系列轻型脚手架两大类。ϕ60 系列重型支撑架的立杆为 $\phi60\times3.2$ 焊管制成，广泛应用于公路、铁路的跨河桥、跨线桥、高架桥中的现浇盖梁及箱梁的施工，用做水平模板的承重支撑架。ϕ48 系列轻型脚手架适用于各类建筑工程的外墙脚手架、梁板模板支撑架、各类钢结构施工现场拼装的承重架。

承插型盘扣式脚手架选型及构造要点如下：

采用承插型盘扣式钢管支架搭设双排脚手架时，可根据使用要求选择架体几何尺寸，水平杆步距宜选用 2m，立杆纵距宜选用 1.5m 或 1.8m，且不宜大于 2.1m，立杆横距宜选用 0.9m 或 1.2m。

架体搭设要按设计、规范设置剪刀撑，在顶托与架体横杆 300～500mm 之间的距离要增设足够的水平拉杆，使整体稳定性得到可靠的保证，作为扫地杆的最底层水平杆离地高度不应大于 550mm。

脚手架首层立杆应采用不同的长度立杆交错布置，错开立杆竖向距离不应小于 500mm。

对双排脚手架的每步水平杆层，当无挂扣钢脚手架板加强水平层刚度时，应每 5 跨设置水平斜杆，如图 4-25、图 4-26 所示。

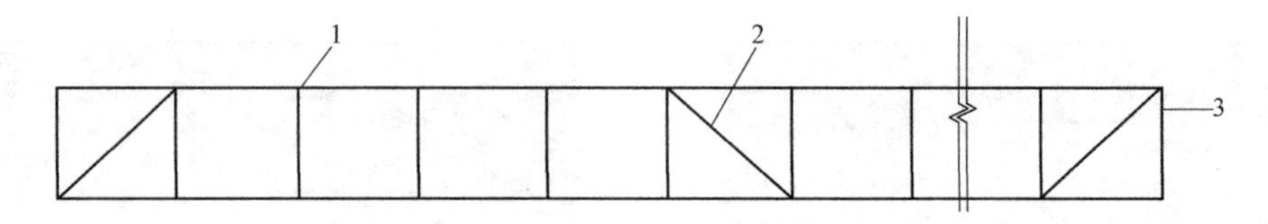

图 4-25　双排脚手架水平斜杆设置

1—立杆；2—水平斜杆；3—水平杆

当模板支架搭设成独立方塔架时，每个侧面每步距均应设竖向斜杆。当有防扭转要求时，可在顶层及每隔 3～4步增设水平层斜杆或钢管水平剪刀撑。

承插型盘扣式钢管支架由塔式单元扩大组合而成，在拐角为直角部位应设置立杆间的竖向斜杆。当作为外脚手架使用时，通道内可不设置斜杆。对长条状的独立高支模架，架体总高度与架体的宽度之比 H/B 不应大于 3。

图 4-26　塔式单元承插型盘扣式脚手架

连墙件必须采用可承受拉压作用力的刚性杆件，连墙件与脚手架立面及墙体应保持垂直，同一层连墙件应在同一平面，水平间距不应大于 3 跨；采用钢管扣件做连墙杆时，连墙杆应采用直角扣件与立杆连接，当采用预埋方式设置脚手架连墙件时，应确保预埋件在混凝土浇筑前埋入，无条件设置连墙件时，应采用抛撑，如图 4-27、图 4-28 所示。

承插型盘扣式脚手架应设置脚手板，要点如图 4-29～图 4-31 所示。

连墙件应设置在有水平杆
的盘扣节点旁，连接点至
盘扣节点距离不得大于
300mm。

图 4-27　连墙件设置要点

当脚手架下部暂不能搭设连墙件
时应用扣件钢管搭设抛撑，抛撑
杆应与脚手架通长杆件可靠连接，
与地面的倾角在45°～60°之间，
抛撑应在连墙件搭设后方可拆除。

图 4-28　承插型盘扣式脚手架抛撑设置要点

钢脚手板的挂钩必须完
全扣在水平杆上，挂钩
必须处于锁住状态，作
业层脚手板应满铺。

图 4-29　脚手板设置要点

承插型盘扣式脚手架可以根据工程要求与现场作业情况设置挂扣式钢梯，如图 4-32 所示。

承插型盘扣式脚手架接头设计时须考虑重力作用，使接头具有可靠的双向自锁能力，作用于横杆上的荷载通过盘扣传递给立杆，盘扣应具有很强的抗剪能力，模板支架要求如图 4-33 所示。

当搭设高度不超过 8m 的满堂模板支架时，支架架体四周外立面向内的第一跨每层均应设置竖向斜杆，架体整体底层以及顶层均应设置竖向斜杆，并应在架体内部区域每隔 5

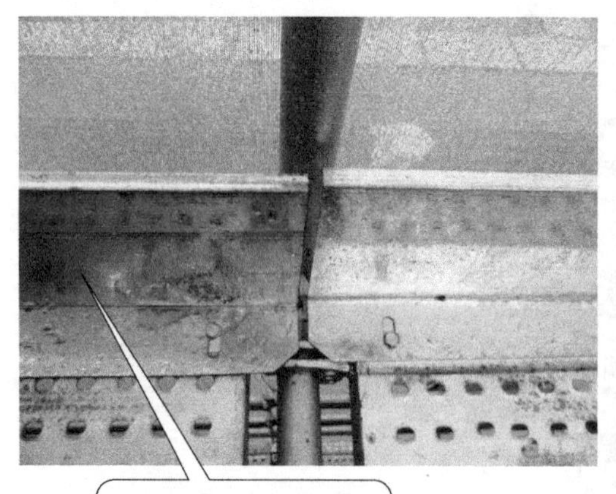

作业层的脚手板架体外侧应设挡脚板和防护栏，护栏高度宜为1000mm，均匀设置两道。

图 4-30 挡脚板与防护栏设置要点

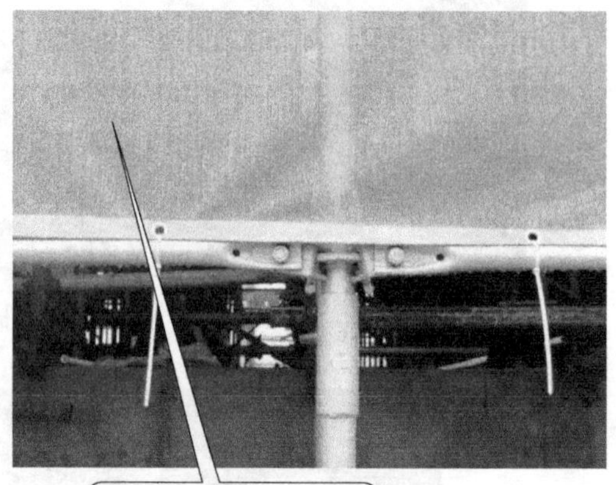

脚手架外侧立面满挂密目安全网，立网的目数应在2000目(10cm×10cm)以上。

图 4-31 密目安全网设置要点

挂扣式钢梯宜设置在尺寸不小于0.9m×1.8m的脚手架框架内，钢梯宽度应为廊道宽度的1/2，钢梯可在一个框架高度内折线上升；钢架拐弯处应设置钢脚手板及扶手。

图 4-32 挂扣式钢梯设置要求

模板支架应根据施工方案计算得出的立杆排架尺寸选用定长的水平杆，并应根据支撑高度组合套插的立杆段、可调托座和可调底座。

图 4-33 模板支架要求

跨由底至顶纵、横向均设置竖向斜杆，如图 4-34 所示；或采用扣件钢管搭设的大剪刀撑，如图 4-35 所示。当满堂模板支架的架体高度不超过 4 节段立杆时，可不设置顶层水平斜杆；当架体高度超过 4 节段立杆时，应设置顶层水平斜杆或扣件钢管水平剪刀撑。

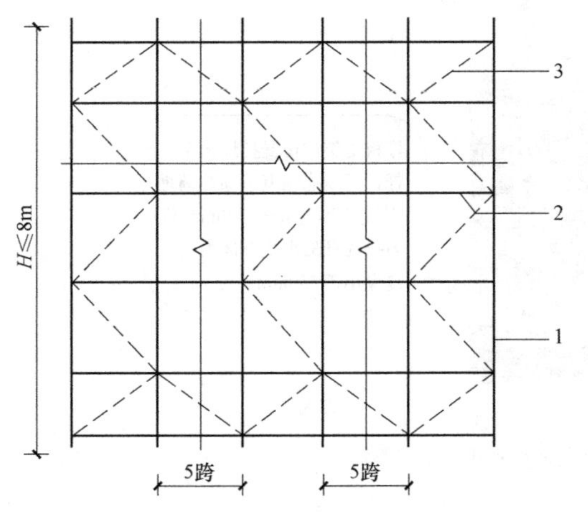

图 4-34 高度不大于 8m 竖向斜杆设置要点

1—立杆；2—水平杆；3—斜杆

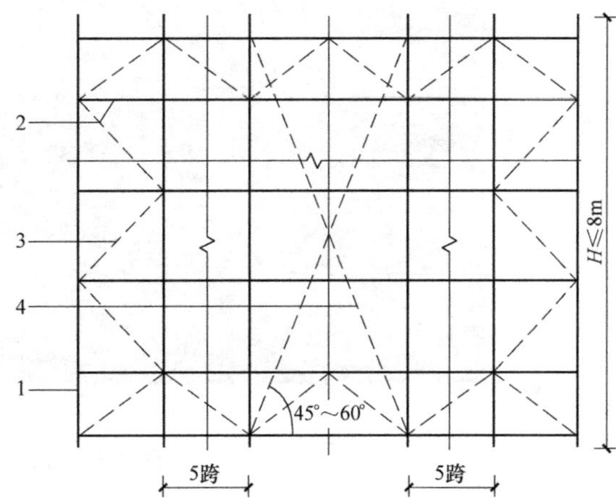

图 4-35 高度不大于 8m 剪刀撑设置要点

1—立杆；2—水平杆；3—斜杆；4—扣件钢管剪刀撑

当搭设高度超过 8m 的满堂模板支架时，竖向斜杆应满布设置，水平杆的步距不得大于 1.5m，沿高度每隔 4～6 个节段立杆应设置水平层斜杆或扣件钢管大剪刀撑，如图 4-36 所示，并应与周边结构形成可靠拉结。

模板支架立杆可调托座伸出顶层水平杆的悬臂长度严禁超过 650mm，且丝杆外露长度严禁超过 400mm，可调托座插入立杆长度不得小于 150mm，如图 4-37 所示。

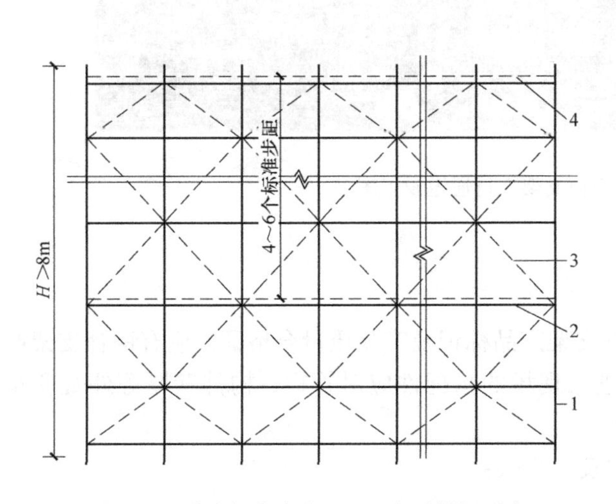

图 4-36 满堂架高度大于 8m 水平斜杆要点

1—立杆；2—水平杆；3—斜杆；4—水平层斜杆或大剪刀撑

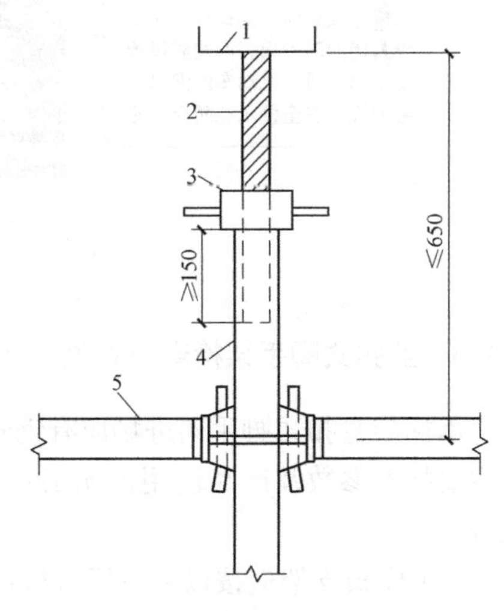

图 4-37 立杆带可调托座伸出顶层水平杆的悬臂长度要求

1—可调托座；2—螺杆；3—调节螺母；4—立杆；5—水平杆

模板支架应设置扫地杆，如图 4-38 所示；模板支架的人行通道、车行通道设置要求如图 4-39 所示。

模板支架应设置扫地水平杆，可调底座调节螺母离地面 高度不得大于300mm,作为扫地杆的水平杆离地高度应小于550mm。

图 4-38　扫地杆设置要求

当模板支架体内设置人行通道时，应在通道上部架设支撑横梁，横梁截面大小应按跨度以及承受的荷载确定。通道两侧支撑梁的立杆间距应根据计算结果设置，通道周围的模板支架应连成整体。洞口顶部应铺设封闭的防护板，两侧应设置安全网。通行机动车的洞口，必须设置安全警示和防撞设施。

图 4-39　模板支架人行通道设置图

4.1.3　盘扣式脚手架检查与验收

承插型盘扣式脚手架进场应有钢管支架产品标识及产品质量合格证；应有钢管支架产品主要技术参数及产品使用说明书；进入现场的构配件应对管径、构件壁厚等外观质量核查。

(1) 模板支架应按以下阶段进行检查和验收：

1) 基础完工后及模板支架搭设前；

2) 超过 8m 的高支模架搭设至一半高度后；

3) 达到设计高度后应进行全面的检查和验收；

4) 遇 6 级以上大风、大雨、大雪后特殊情况的检查；

5）停工超过一个月恢复使用前。

（2）模板支架、脚手架应重点检查以下内容：

模板支架应由工程项目技术负责人组织模板、支架设计及管理人员进行检查，模板支架和双排外脚手架验收后应形成记录，检查验收要点如图 4-40～图 4-42 所示。

承插型盘扣式脚手架基础应平稳，立杆与基础应无松动、悬空现象，立杆不应存在不均匀沉降现象。

图 4-40　承插型盘扣式脚手架基础检查验收要点

水平杆扣接头与立杆连接盘的插销应锤击至所需插入深度的标志刻度。

图 4-41　承插型盘扣式脚手架连接盘插销验收要点

安全网、防护围栏应设置齐全、牢固；连墙件应符合设计要求。

图 4-42　安全措施及连墙件要求

周转使用的支架构配件使用前复检合格记录，如有必要可进行试验检查，如图 4-43 所示；经验收合格的构配件应分类码放，以便使用，如图 4-44 所示。

4.1.4　盘扣式脚手架安全管理与维护

承插型盘扣式脚手架搭设、拆除人员必须持证上岗，并佩戴安全措施设备，如图 4-45所示；浇筑作业时应安排专人观测，如图 4-46 所示。

图 4-43　构配件检验

经验收合格的构配件应按品种、规格分类码放，并标挂数量规格铭牌备用，构配件堆放场地排水应畅通，无积水。

图 4-44　构配件码放

搭设操作人员必须经过专业技术培训及专业考试合格，持证上岗，支架搭设作业人员应正确佩戴安全帽、安全带和防滑鞋。模板支架及脚手架搭设前工程技术负责人应按专项施工方案的要求对搭设作业人员进行技术和安全作业交底。

图 4-45　搭设作业安全要求

承插型盘扣式脚手架在使用过程中，应定期检查架体上立杆、水平杆、水平斜杆、竖向斜杆及附件质量，发现问题时应及时处理解决。

承插型盘扣式钢管脚手架在使用中，应及时清除表面粘结物，并应做好维修保养，同时应该按厂家、品种、规格分别码放。用于支撑体系时，一个单位脚手架工程中宜采用同一厂家产品进行搭设，不应混用。

模板支架混凝土浇筑作业层上的施工荷载不应超过设计值；混凝土浇筑过程中，应派专人在安全区域内观测模板支架的工作状态，发生异常时观测人员应及时报告施工负责人，情况紧急时施工人员应迅速撤离，并应进行相应加固处理。

图 4-46　模板支架作业安全管理要求

承租方应对使用完毕的承插型盘扣式钢管脚手架构件外观质量进行检查和分类，并应做好记录。检查内容应包括杆配件是否完好、有无明显变形和破损、立杆两端钢管有无变形、杆配件表面有无粘结物，以及租赁物的厂家标志、规格和数量等。经检查合格的构件，应按立杆、水平杆、斜杆及其规格不同进行分类码放。需修理和报废的构件，应另行分类码放。

承插型盘扣式钢管脚手架退场验收标准及检验工具与方法，可以参考表 4-3 进行。

承插型盘扣式钢管脚手架退场验收标准及检验工具与方法　　表 4-3

检验项目	验收标准	检验工具与方法
杆件尺寸	符合合同要求	卷尺、游标卡尺
杆件弯曲	杆件无明显弯曲、无死弯	目测
连接盘	无变形、无损坏	
水平杆和承插接头	完整，承插接头无缺损、变形	
斜杆和承插接头	完整、无变形	
杆件外观清洁	杆配件表面清洁，无粘结物	
标识	字迹、图案清晰完整、准确	

承插型盘扣式钢管维修与保养；承插型盘扣式钢管脚手架在退场后，应由质检人员对退场回的杆配件和材料进行检验，并应根据租赁物质量及变形、损坏程度，作出保养、维修、报废判定，同时应进行登记记录。

检查后确认不需维修、改制的承插型盘扣式钢管脚手架构件，应使用钢丝刷等工具将表面的杂物清理干净，再进行刷漆、镀锌等处理。经过维修、改制的承插型盘扣式钢管脚手架构件，应进行刷漆、镀锌等防锈处理。

承插型盘扣式钢管脚手架维修前，可参照表 4-4 的缺陷程度确定相应的维修和改制方法。

承插型盘扣式脚手架构件缺陷程度和维修及改制方法　　表 4-4

项目	缺陷程度描述	维修方法	改制
外观	杆件有裂纹	—	将有裂纹部分切掉，改制成小规格杆件
钢管表面	砸扁、压扁、凹扁部分的最大外径与最小内径的差小于或等于 3mm	在专用扩口工装上矫正修复	—
	砸扁、压扁、凹扁部分的最大外径与最小内径的大于 3mm	—	将凹扁部分切割掉，改制成小规格构件
立杆杆件直线度	偏差$\leqslant 5L/1000$	应根据杆件长度及损坏程度，利用调直机械校正调直	—
	偏差$>5L/1000$	—	将弯曲部分切割掉，改制成小规格构件
立杆端头孔径变形	轻微变形	用专用扩孔工装校正修复	—
	明显变形，出现扁头	—	将扁头部分切割掉，改制成小规格构件
连接盘	小于 3mm 变形	矫正	—
	与钢管外表面的垂直度偏差小于 3mm	矫正	—
杆件插销	变形或丢失	应更换	—
杆件焊接	焊缝开裂	—	将裂纹部分切割掉，改制成小规格构件
镀锌层	脱落或锈蚀	除锈、镀锌	—

承插型盘扣式钢管脚手架存在下列情况之一时应报废：

（1）质量缺陷程度超出表 4-4 的要求，无法维修和改制。

（2）钢管出现孔洞、开裂变形，杆件弯曲变形产生凹陷。

（3）连接盘有丢损，有超过 3mm 变形的杆件。

（4）连接盘与钢管外表面的垂直度偏差大于 3mm。

（5）立杆壁厚小于 3.05mm，水平杆壁厚小于 2.35mm；斜杆小于 2.15mm。

（6）热镀锌表面处理构件使用年限，沿海地区和南方潮湿地区超过 20 年，其他地区超过 25 年。

模板支架及脚手架使用期间，不得擅自拆除架体结构杆件。如需拆除时，必须报请工程项目技术负责人以及总监理工程师同意，确定防控措施后方可实施。严禁在模板支架及脚手架基础开挖深度影响范围内进行挖掘作业。

拆除的支架构件应安全地传递至地面，严禁抛掷。高支模区域内，应设置安全警戒线，不得上下交叉作业。在脚手架或模板支架上进行电气焊作业时，必须有防火措施和专人监护。模板支架及脚手架应与架空输电线路保持安全距离，工地临时用电线路架设及脚手架接地防雷击措施等应按现行行业标准《施工现场临时用电安全技术规范》JGJ 46—2005 的有关规定执行。

4.2 外挂（吊篮）脚手架

4.2.1 外挂（吊篮）脚手架主要技术内容

高处作业吊篮，如图 4-47，由悬吊平台、提升机、悬挂机构、安全锁、钢丝绳、绳坠铁、警示标志、限位块、电缆、电气控制箱等配件组成，如图 4-48～图 4-62 所示。

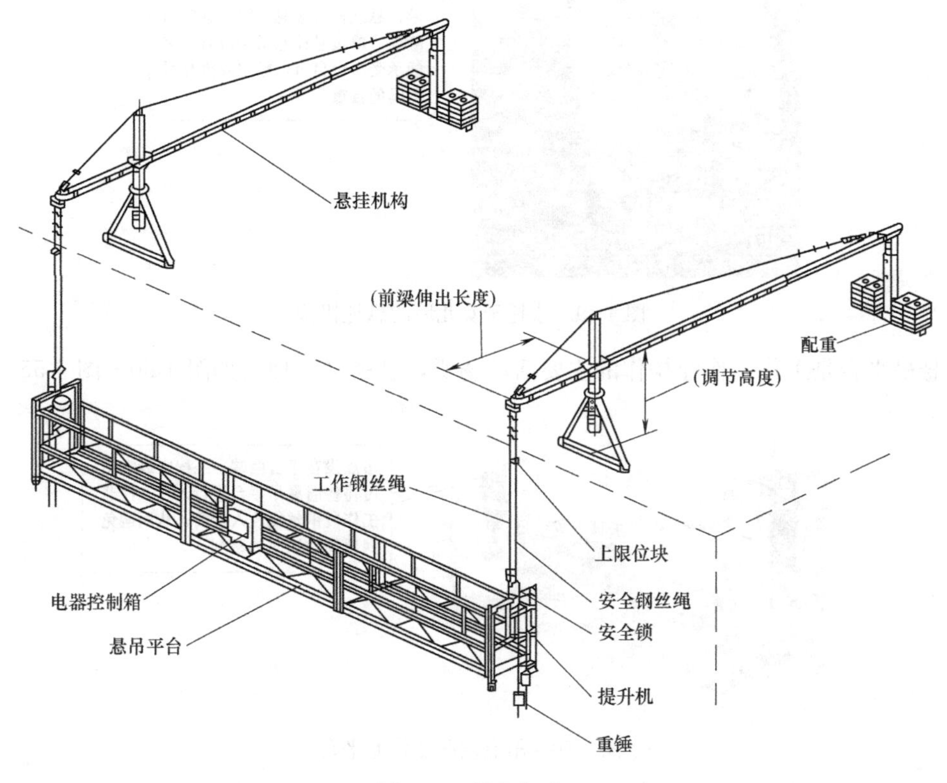

图 4-47　吊篮组成

悬挂机构架设于建筑物或构筑物上，通过钢丝绳悬挂悬吊平台的装置，它有多种结构

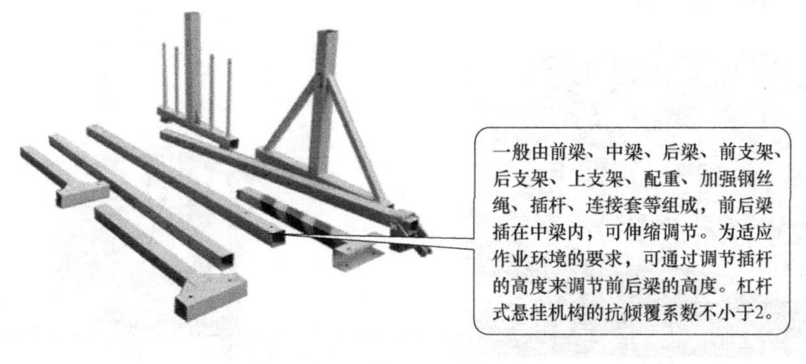

一般由前梁、中梁、后梁、前支架、后支架、上支架、配重、加强钢丝绳、插杆、连接套等组成，前后梁插在中梁内，可伸缩调节。为适应作业环境的要求，可通过调节插杆的高度来调节前后梁的高度。杠杆式悬挂机构的抗倾覆系数不小于2。

图 4-48　杠杆式悬挂机构组成

形式。一般常用的有杠杆式悬挂机构和依托建筑物女儿墙的悬挂机构。工程中常采用杠杆式悬挂机构，类似于杠杆，由后部配重来平衡悬吊部分的工作载荷，一般每台吊篮使用两套悬挂机构。

依托于建筑物女儿墙的悬挂机构。将悬挂机构夹持在女儿墙上，对女儿墙有强度要求、安全技术要求，悬挂机构应有足够的强度和刚度。单边悬挂悬吊平台时，应能承受平台自重、额定载重及钢丝绳的自重。

图 4-49　依托于女儿墙的悬挂机构

悬吊平台是工作、作业操作的主要活动场所，悬吊平台种类如图 4-50～图 4-55 所示。

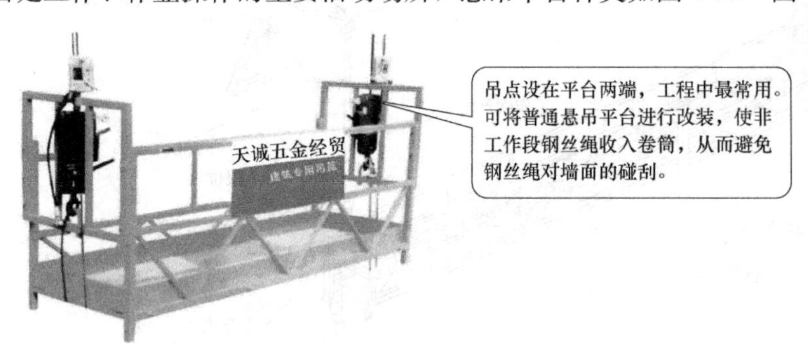

吊点设在平台两端，工程中最常用。可将普通悬吊平台进行改装，使非工作段钢丝绳收入卷筒，从而避免钢丝绳对墙面的碰刮。

图 4-50　吊点设两端作业平台

吊点设在平台外侧面，当平台较长或空间受限时。

图 4-51　吊点设外侧面平台

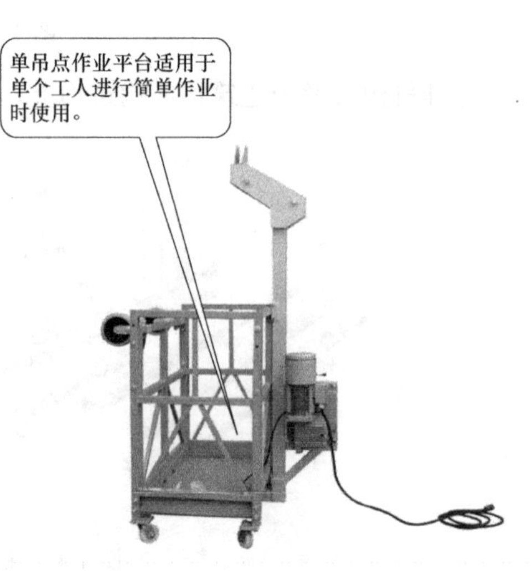

单吊点作业平台适用于单个工人进行简单作业时使用。

图 4-52　单吊点作业平台

弧形作业平台适用于外立面有弧线造型或塔式建筑，可根据建筑造型定制作业平台。

图 4-53　弧形作业平台

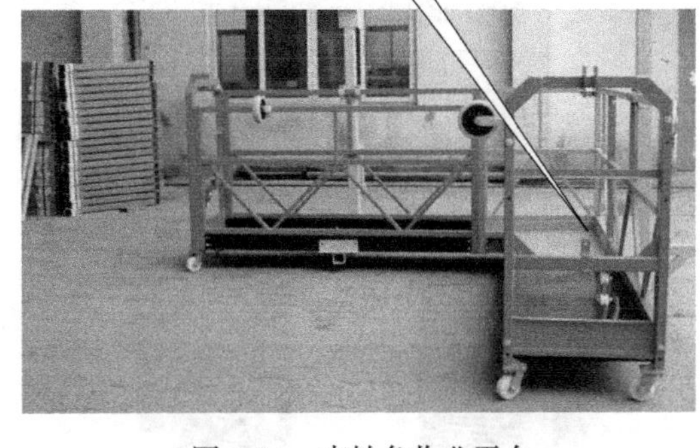

图 4-54　直转角作业平台

当立面空间需要上下配合作业，或者需加快施工进度时，可选取双层作业吊篮。

图 4-55　双层作业吊篮

提升机为吊篮上下运动的核心部件，控制吊篮的上下位置及速度。分为两类：卷扬式（缠绕式），如图 4-56 所示；爬升式（摩擦式）。两者区别是平台升降时，爬升式提升机不收卷或释放钢丝绳，它是靠绳轮与钢丝间产生的摩擦力，其制动装置如图 4-57 所示，一般使用闸瓦式制动器，通电张开。

卷扬式提升机安全技术要点：禁止使用摩擦传动、带传动和离合器；每个吊点必须设置独立的钢丝绳；必须设手动升降机构；必须设限位保护装置；必须配主制动器和后备制动器；卷筒两侧缘高度高于最外层钢丝绳高度，超出量≥2.5 倍钢丝绳；钢丝绳固定装置安全可靠，易于检查。在卷筒上的最小圈数≥3，此时能承受 1.25 倍钢丝绳拉力；必须设置钢丝绳防松装置；钢丝绳在卷筒上应排列整齐；滑轮最小卷绕直径不小于钢绳丝直径的 15 倍；滑轮槽深度不应小于钢丝绳直径的 1.5 倍；滑轮上应设有防止钢丝绳脱槽装置，该装置与滑轮最外缘的间隙，不得超过钢丝绳直径的 1/5。

吊篮必须安装灵敏可靠的防坠安全锁，施工作业人员应该佩戴安全绳，如图 4-58～图 4-61 所示；防坠安全锁使用应在规定的标定期限内。按其工作原理分为离心触发式和摆臂式防倾斜安全锁，摆臂防倾式应用较为广泛。

提升机通过卷筒收钢丝绳或释放钢丝绳，使悬吊平台得以升降。主要由电动机、卷筒、制动器、减速器、导向轮等构成。

图 4-56　卷扬式提升机

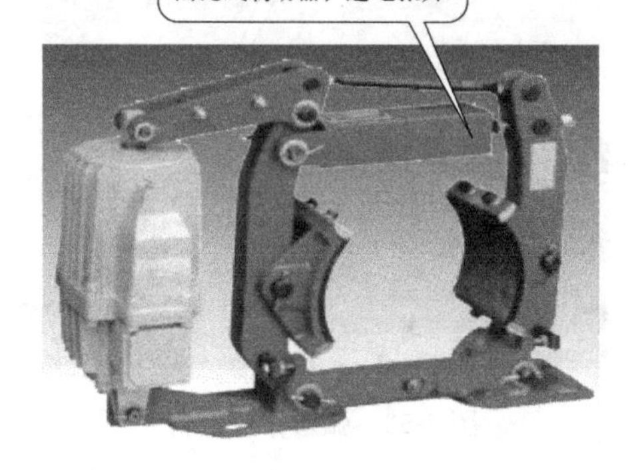

图 4-57　闸瓦式制动器

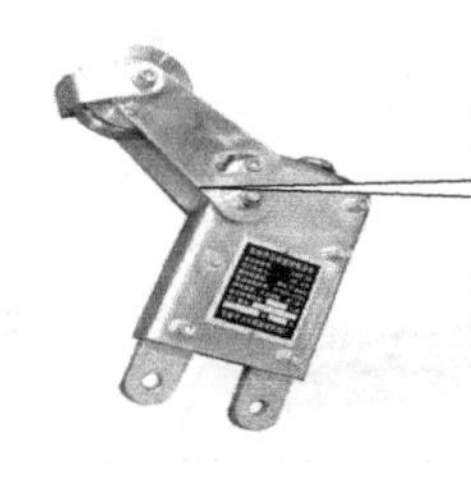

当提升机构钢丝绳突然切断、悬吊平台下滑速度达到锁绳角度时，迅速动作，在瞬时能自动锁住安全钢丝绳，使悬吊平台停止下滑或倾斜。

图 4-58　安全锁分类

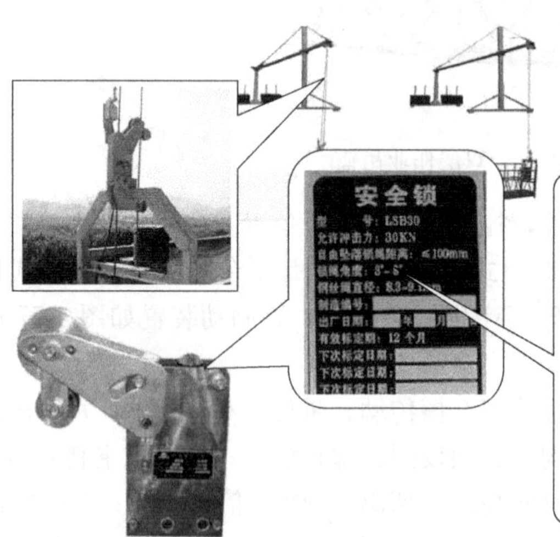

对离心触发式安全锁，悬吊平台运行速度达到安全绳速度时，能使悬吊平台在200mm范围内停；对摆臂式防倾斜安全锁，悬吊平台工作时纵向倾斜角度大于8°时，能自动锁住并停止运行；在锁绳状态下应不能自动复位；安全锁与悬吊平台应连接可靠，其连接强度不应小于2倍的允许冲击力；有效标定期限不大于1年，对于在粉尘、腐蚀物质、粘附性材料等环境中进行工作的安全锁，大修及重新标定的周期应相应缩短。

图 4-59　安全锁的安全技术要求

电气控制系统：电气控制柜有集中式和分离式两种，如图 4-62 所示。

安全技术要求：电气控制系统供电采用三相五线制。接零、接地线应始终分开，接地线应采用黄绿相间线；吊篮的电气系统应可靠接地，接地电阻不应大于 4Ω，在接地装置处应有接地标志。电气控制部分应有防水、防振、防尘措施，其元件应排列整齐，连接牢

设置要求：安全绳上应设置供人员挂设安全带的安全锁扣，安全绳单独固定在建筑物可靠位置上。安全绳应使用锦纶安全绳，并且整绳挂设，不得接长使用。绳索为多股绳时股数不得小于3股，绳头不得留有散丝，在接近焊接、切割、热源等场所时，应对安全绳进行保护，所有零部件应顺滑，无材料或制造缺陷，无尖角或锋利边缘。

图 4-60　安全绳设置技术要点

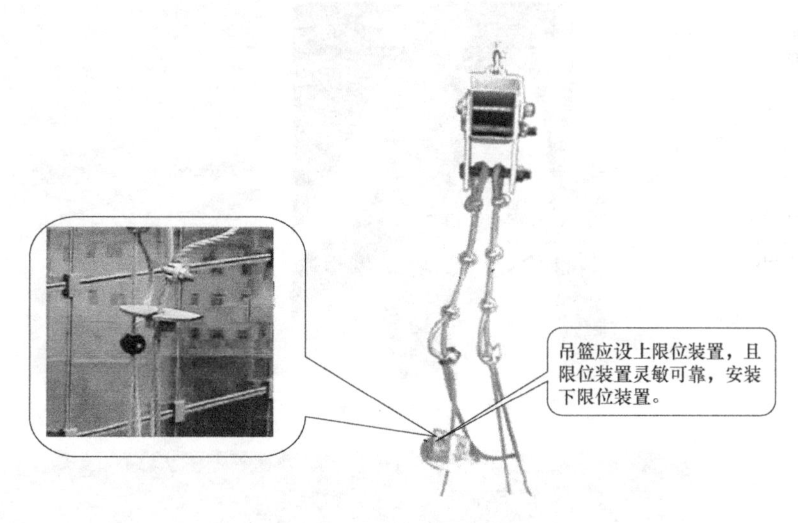

吊篮应设上限位装置，且限位装置灵敏可靠，安装下限位装置。

图 4-61　吊篮上限位装置

固绝缘可靠。电控柜门应装锁，控制用按钮开关动作应准确可靠，其外露部分由绝缘材料制成，应能承受 50Hz 正弦波形、1250V 耐压试验；带电零件与机体间的绝缘电阻不应低于 2MΩ；电气系统必须设置过热、短路、漏电保护等装置；悬吊平台上必须设置紧急切断主电源控制回路的急停按钮，该电路独立于各控制电路。急停按钮为红色，并有明显的“急停”标记，不能自动复位。

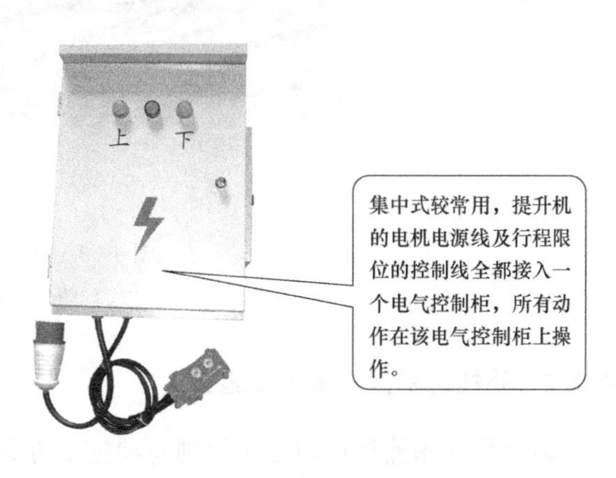

上
下
集中式较常用，提升机的电机电源线及行程限位的控制线全都接入一个电气控制柜，所有动作在该电气控制柜上操作。

图 4-62　电气控制系统

高处作业吊篮用钢丝绳，分为工作钢丝绳、安全钢丝绳和加强钢丝绳。

钢丝绳安全技术要求：爬升式高处作业吊篮是靠绳轮和钢丝绳之间的摩擦力提升，钢丝绳受到强烈的挤压、弯曲，对钢丝绳的质量要求很高且钢丝绳应无油；采用高强度、镀锌、柔度好的钢丝绳，其安全系数不应小于 0.9；工作钢丝绳与安全钢丝绳均不得有断丝、松股、硬弯、锈蚀或油污附着物，如图 4-63 所示；安全钢丝绳的规格、型号与工作钢丝绳相同，且应独立悬挂；临电焊时应采取措施保护钢丝绳。

所选用的钢丝绳应符合规范要求，并必须有产品性能合格证；在任何情况下承重钢丝绳的实际直径不应小于 6mm；钢丝绳实际直径比其公称直径减少 7%或更多时，即使无可见断丝，钢丝绳也予以报废；钢丝绳因腐蚀侵袭及钢材损失而引起的钢丝松弛，应对该钢丝绳予以报废；在吊篮平台悬挂处增设 1 根与提升机构上使用的相同型号的安全钢丝绳，安全绳应独立悬挂；正常运行时，安全钢丝绳应处于悬垂状态；电焊作业时要对吊篮设备、钢丝绳、电缆采取保护措施。不得将电焊机放置在吊篮内，电焊缆线不得与吊篮任何部位接触；电焊钳不得搭挂在吊篮上。严禁用吊篮做电焊接线回路。

吊篮宜选用高强度、镀锌、柔度好的钢丝绳，性能应符合《重要用途钢丝绳》(GB 8918—2006)；绳端的固定应符合《塔式起重机安全规程》(GB 5144—2006)，钢丝绳检查、报废应符合《起重机钢丝绳保养、维护、检验和报废》(GB 5972—2016)。

(*a*)

(*b*)

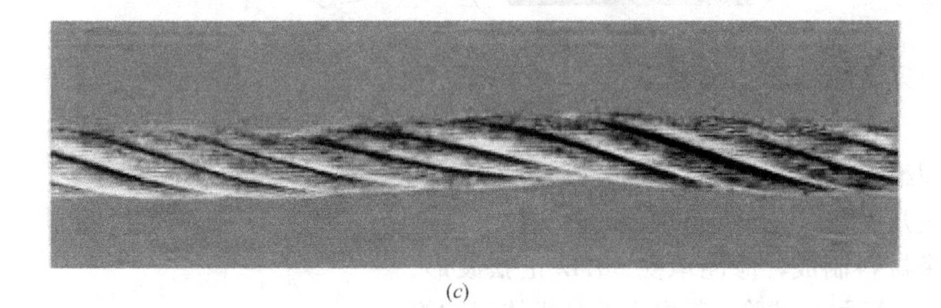

(*c*)

图 4-63 问题钢丝绳

(*a*) 断丝；(*b*) 松股；(*c*) 硬弯

4.2.2 外挂（吊篮）脚手架施工

高处作业吊篮使用前必须编制专项施工方案，经审核通过，方可进行施工作业，其要求如图 4-64～图 4-66 所示。

吊篮投入使用前需进行检测工作。负载方面的检测，主要检查各组件是否正常、可靠；安全方面的检测，主要针对安全锁、安全绳等，如有异常应立即进行处理；电动吊篮内是否有杂物，其是否超载；电源电压是否是正常的，是否进行接地处理。

安装时根据建筑物结构调整前梁、后梁所需要的伸出长度，后梁的伸出距离应调至最大，前梁伸出长度通常不大于1.3m，当前梁的伸出长度1.5m或钢丝绳的长度超过120m时，必须相应减少工作载荷或增加配重。

图 4-64　前后梁伸出长度要点

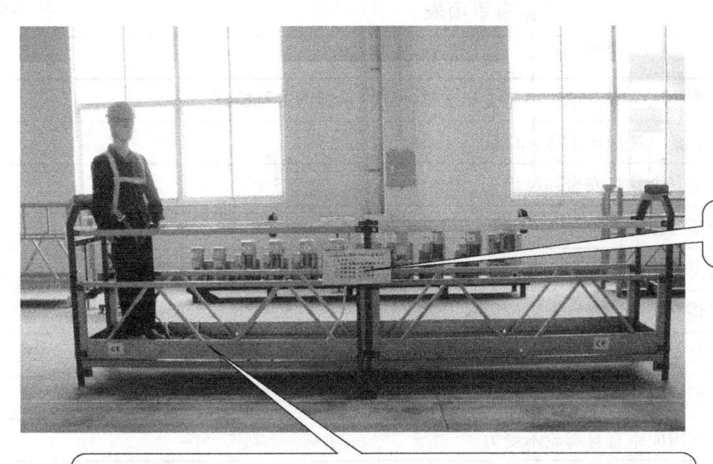

悬吊平台上应醒目地注明额定载重量及注意事项。
悬吊平台四周应装有固定式安全护栏，护栏应设有腹杆，工作面的护栏高度不应低于0.8m，其余部位则不应低于1.1m，护栏应能承受100kg水平集中荷载。悬吊平台内工作宽度不应小于0.4m，并应设置防滑底板，底板有效面积不小于0.25m²/人，底板排水孔最大为10mm。悬吊平台底部四周应设有高度不小于150mm挡脚板，挡脚板与底板间隙不大于5mm。

图 4-65　悬吊平台技术要求

4.2.3　外挂（吊篮）脚手架检查与验收

吊篮安装完毕后应履行验收程序，由施工单位、监理单位组织有关人员进行验收，验收表需经施工单位项目技术负责人及项目总监理工程师签字确认，并进行整机检测。安装使用前应对作业人员进行交底并留有文字记录；每天作业班前班后要进行检查，参照表 4-5。

4.2.4　外挂（吊篮）脚手架安全管理与维护

操作人员在悬吊平台内使用其他电器设备时，低于 500W 的电器设备可以接在吊篮的备用电源接线端子上，但高于 500W 的电器设备严禁接在备用电源接线端子上，必须设置独立电源。

悬吊平台应设有靠墙轮、导向装置、缓冲装置；保证吊篮平台的稳定，以避免与墙面撞击。结构应能承受2倍均布额定载荷，各配件必须是同一厂家生产的产品；平台门不得向外开，门上应装上电气联锁装置；吊篮平台正常运行操作装置应安装在吊篮平台上，并且要选用可点动和连续手按及不受气候影响的电气设备。应有防摆动措施，在工作中的纵向倾斜角度不应大于8°；钢丝绳应保证垂直，吊篮与构筑物的间距不应过大。吊篮作业应采取相关措施避免多层或立体交叉作业。

图 4-66　悬吊平台设备要求

检查事项表　　**表 4-5**

序号	项目	检查内容
1	施工方案	已编制专项施工方案且已对吊篮支架支撑处结构承载力进行验算
		专项施工方案已按规定审核、审批
2	安全装置	已安装防坠安全锁且安全锁灵敏
		防坠安全锁在标定期限内
		已设置挂设安全带专用安全绳及安全锁扣且安全绳固定在建筑物可靠位置上
		吊篮已安装上限位装置且上限位装置灵敏可靠
3	悬挂机构	悬挂机构前支架支撑位置符合规范要求
		前梁外伸长度符合产品说明书规定
		前支架与支撑面垂直且脚轮不受力
		上支架固定在前支架调节杆与悬挑梁连接的节点处
		配重块完好
		配重块固定可靠且重量符合设计规定
4	钢丝绳	钢丝绳无断丝、松股、硬弯、锈蚀现象且没有油污附着物
		安全钢丝绳规格、型号与工作钢丝绳一致且单独设置
		安全钢丝绳张紧悬垂
		电焊作业时已对钢丝绳采取保护措施
5	安装作业	吊篮平台组装长度符合产品说明书和规范要求
		吊篮组装的构配件为同一生产厂家的产品
6	升降作业	操作升降人员已经过培训合格
		吊篮内作业人员数量未超过 2 人
		吊篮内作业人员已将安全带用安全锁扣挂置在独立设置的专用安全绳上
		作业人员按规定从地面进出吊篮
7	交底与验收	已履行验收程序且验收表已经责任人签字确认
		验收内容已进行量化

续表

序号	项目	检查内容
7	交底与验收	每天班前班后已按规定进行检查
		吊篮安装使用前已进行交底且有交底文字记录
8	安全防护	吊篮平台周边的防护栏杆或挡脚板的设置符合规范要求
		多层或立体交叉作业已设置防护顶板
9	吊篮稳定	吊篮作业已采取防摆动措施
		吊篮钢丝绳垂直且吊篮距建筑物空隙符合要求
10	荷载	施工荷载符合设计规定
		荷载堆放均匀分布

升降作业，操作吊篮升降人员应经培训、考核合格取得特种作业操作证方可上岗，如图4-67所示。吊篮内的作业人员不应超过2人，且人货总荷载不超过载荷要求，作业时安全带应用安全锁扣分别挂在独立的安全绳上，作业人员应从地面进出吊篮。不允许在悬吊平台内使用梯子、凳子、垫脚物等进行作业。

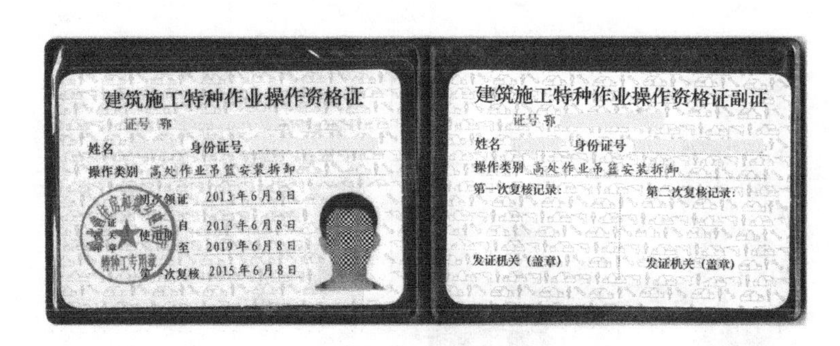

图 4-67　建筑施工特种作业操作资格证

吊篮内作业人员的安全带应时刻保证挂设在独立的专用安全绳锁扣上。作业人员进出吊篮时应从地面进出，当不能从地面进出时，建筑物在设计和建造时应考虑有便于吊篮安全安装和使用及工作人员的安全出入的措施。

吊篮作业安全技术交底，提升机构及其安全装置应进行空载、额定荷载、偏载和超载的运行试验，确认合格并形成文件。脚手架安装后，必须设防护设施和安全标志，严禁碰撞，严禁松动锚固构造，如图4-68、图4-69所示。

电动吊篮的维护保养可以分为各个部件的维护保养，具体来讲，包括提升机、安全锁、钢丝绳、结构件以及电器系统等，其中电动吊篮的结构件包括悬挂机构、悬吊平台和电控箱壳，下面就对这些部分的维护保养分别进行阐述，如图4-70～图4-73所示。

钢丝绳安装完毕后，留在下端的钢丝绳捆扎成圆盘并且使之离开地面约20cm。经常检查钢丝绳表面，清理附着的污物，发现和排除出现局部缺陷的可能。钢丝绳卡处出现局部硬伤或疲劳破坏时，应及时截断该段绳头。对长期存放的钢丝绳，要放在防雨干燥之处。对于出现断丝但未达到报废标准的钢丝绳，应及时将其断丝头部插入绳芯，如图4-72所示。对于达到报废标准的钢丝绳，应及时更换。

在架空输电线安装和使用吊篮作业时，吊篮的任何部位与高压输电线的安全距离不应小于10m，如有高压输电线路，应按照现行行业标准《施工现场临时用电安全技术规范》(JGJ 46—2005)的规定，采取隔离措施。

图 4-68　吊篮作业安全技术交底

安装、使用、移动、拆卸脚手架时，其下方必须划定作业区，并设安全标志，专人值守，严禁人员进入作业区。

图 4-69　吊篮下方划定安全作业区

提升机应经常清除提升机外表面污物，避免进、出绳扣进入杂物，损伤机内零件。及时加注或更换规定的润滑剂。安装、运输或使用中避免碰撞，造成机壳损伤。坚持作业前进行空载运行，注意检查有无异响和异味，作业后，进行妥善遮盖，避免雨水、杂物等进入。

图 4-70　提升机养护要点

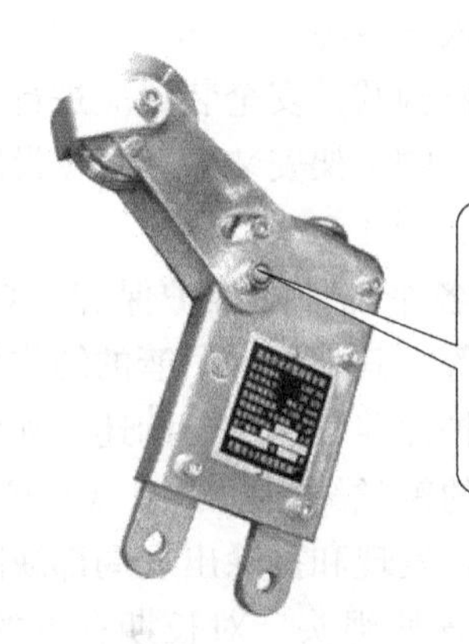

应及时清除安全钢丝绳上粘附的水泥、涂料和胶粘剂，避免阻塞锁内零件。在磨粒和粘附材料环境下工作，注意进绳口处的防范措施，避免杂物进入锁内，及时清除锁外表面污物。

图 4-71　安全锁养护要点

钢丝绳在存放和运输中，将钢丝绳捆扎成直径约60cm的圆盘，并且不得在其上堆放重物，避免出现死弯或局部压扁的缺陷。

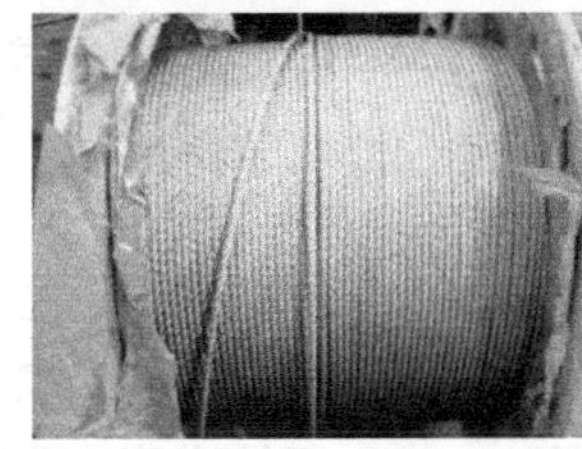

图 4-72　钢丝绳存放

控制电气箱也要常进行管理维护，要点如图 4-73 所示。

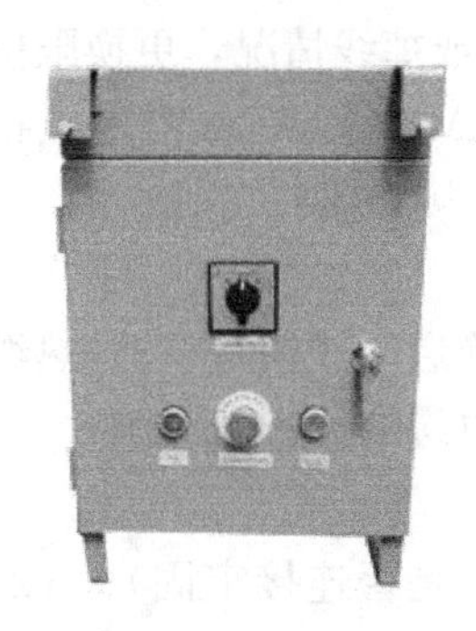
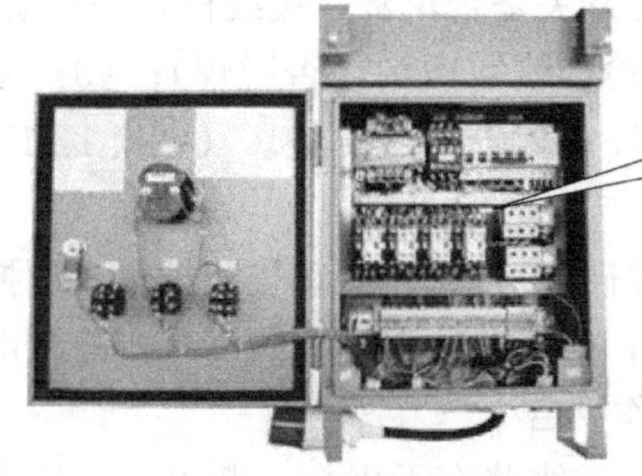

电气箱内要保持清洁无杂物，不得把工具或材料放入箱内。检查接头有无松动，并及时紧固。将悬垂的电源电缆绑牢在悬吊平台结构上，避免插头部位直接受控，电缆悬垂长度超过100m时，应采用电缆抗拉等保护措施。避免电器箱限位开关和电缆线受到外力冲击。作业完毕，及时拉闸断电，锁好电器箱门，并且妥善遮盖电器箱。遇到电气故障，及时请专业维修人员进行排除。

图 4-73　电气箱维护要点

结构件在搬运和安装中，应轻拿轻放，避免强烈碰撞或生扳硬橇使之遭受永久变形。作业后应及时清理表面污物，清理时不要采用锐器猛刮猛铲，注意保护表面漆层。经常检查连接件和紧固件，发现松动要及时拧紧。出现焊裂纹或构件变形，应及时请专业维修人员采用合理工艺修复。钢结构部分磨损、腐蚀深度达到原构件厚度的 10%时应予报废，出现漆层脱落，应及时补漆，避免锈蚀。

4.2.5　吊篮操作常见故障及其解决方法

1. 指示灯不亮

(1) 电源没接通（检查各级电源开关是否闭合、检查开关）；(2) 缺相电（检查三相电是否有电）；(3) 变压器损坏（换变压器）；(4) 灯泡坏（换灯泡）。

2. 松开按钮后提升机不停车

(1) 电箱内接触器触点粘连（修理或更换接触器）；(2) 按钮损坏或被卡住（更换按钮或排除）。

3. 检测吊篮时电箱漏电保护器跳闸

(1) 电源电缆接错（零地线接反、检查电缆线接法是否正确）；(2) 漏电保护器损坏

（换漏电保护器）；（3）使用220V电源（检查零地线接法是否正确）。

4. 提升机大盖下面漏油

（1）ϕ230油封损坏（把ϕ230油封轻轻放下去）；（2）箱内有砂眼（用铸造修补剂把砂眼补好）；（3）小端盖漏油（把4个M5螺栓拆开，把油擦干，抹上液态密封胶，在30℃常温下晾2h，即可压上）。

5. 齿轮圈安装不到位

（1）未放气（把注油孔松开，然后轻轻按下去，用大锤往下砸）；（2）轴承台有脏物（清理脏物）。

6. 提升机绞绳后的维修

（1）分绳块固定扣挤裂（用ϕ6.5钻头打通固定孔，用M6螺栓装好）；（2）钢带固定座挤裂（用专业修补剂补好，或返厂修理）；（3）钢带变形（调整复位或更换钢带）；（4）箱体和大盖挤裂（更换或用修补剂补好及焊补）；（5）压轮变形（调整压轮或更换压轮）。

7. 按上行开关时，KM1不工作

（1）限位开关损坏（检查限位开关是否正常，接线柱是否松动或掉线情况，更换限位开关）；（2）电机航空插头断线（检查航空插头是否脱焊）；（3）KM2的31.32点触点损坏（更换KM2接触器）；（4）KM1接触器的线圈烧坏（更换KM1接触器）。

8. 提升机无法启动

（1）电源接头未插牢（插电源插头）；（2）启动按钮损坏（更换启动按钮）；（3）热继电器电容未复位（按下复位按钮）；（4）漏电保护器跳闸（排除漏电缓解后重新合闸）。

9. 电机只响不转，带不动工作平台

（1）缺相（检查三相供电情况，线路有无虚接、断电，各插头是否连接牢固）；（2）电机内部断相（更换电机）；（3）钢丝绳卡在提升机内（拆提升机，取出钢丝绳，检修提升机）。

10. 电机断电后自动下滑

（1）制动器衔铁上的弹簧压力小（向下紧固3根M5螺栓）；（2）手动离合器上的2个M5螺栓过紧导致衔铁压不住摩擦盘（调整M5螺栓）；（3）接触器失灵，每次停车电机都有规律的下滑250～500px（上行与下行开关分别连续快速点动几次）；（4）手制动打开（手制动恢复到正常位置）；（5）电机制动间隙过大（调整四周间隙为0.4～0.6mm）。

11. 提升机带不动工作平台

（1）缺相（检查三相电是否有点）；（2）电源电压过低（检查并调整电压）；（3）转动位置损坏（检查提升机）；（4）制动器未打开或未完全打开（调整间距并检查制动器）；（5）压轮机构杠杆变形（检查杠杆或更换）。

12. 提升机外壳带电

（1）电机受潮（进行干燥处理，查出碰壳引出线）；（2）接地线松动或折断（修理或更改）。

13. 一侧提升机不动或电机发热冒烟

（1）制动衔铁不动作或衔铁与摩擦盘间距过小（调整间隙或更换衔铁）；（2）制动器线圈烧坏（更换制动器线圈）；（3）整流块短路损坏（更换整流块）；（4）热继电器或接触器损坏（更换相应电器件）；（5）转换开关损坏（更换转换开关）。

14. 提升机制动器不工作

(1) 无直流电压（检查是否有 99V 直流电压）；(2) 整流二极管损坏（更换二极管）；(3) 间隙未调整好（调整间隙为 0.4～0.6mm）；(4) 制动线圈损坏（更换制动器）。

15. 限位开关不起作用

(1) 电源相序接反（交换相序）；(2) 限位开关损坏（更换限位开关）；(3) 限位开关与限位块接触不好（调整限位开关或限位块）。

16. 安全锁不锁绳

(1) 锁内弹簧损坏（换簧或返厂修理）；(2) 锁内污物或泥土过多（拆开用汽油或稀料清洗）；(3) 钢丝绳未穿在绳夹中（穿在绳夹中）。

17. 安全锁锁绳角度大

(1) 安全锁绳夹 L 或 R 磨损过大（调整安全锁导绳轮安全环位置或更换 L 或 R）；(2) 钢丝绳表面有油（用稀料或汽油清理钢丝绳或更换钢丝绳）；(3) 悬挂机构两端内侧距离大于平台尺寸（将悬挂机构调整至大于平台尺寸 10～20cm）。

18. 安全锁锁绳角度小

(1) 安全锁摆杆与制动轴连接处损坏（更换摆杆）；(2) 安全锁锁夹的 R 与 L 之间粘住脏物（拆开清洗）；(3) 悬挂机构两端内侧距离小于平台尺寸（将悬挂机构调整至大于平台尺寸 10～20cm）；(4) 安全锁与侧栏连接板处有后仰现象（用专业工具把连接板复位或返厂修理侧栏）。

19. 两台电机不同步

(1) 电机制动器灵敏度差异（调整电机制动器的间隙）；(2) 离心限速器弹簧松弛（更换离心限速弹簧）；(3) 电机转速差异，提升机拽绳差异（检查提升机的压绳装置或更换压绳装置、更换转速不正确的电动机）；(4) 平台内载荷不均（调整平台载荷）。

20. 悬吊平台升至屋顶时无法下降

两套悬挂机构间距太小，使安全锁起锁（调整悬挂机构间距）。

21. 工作钢丝绳穿入提升机

(1) 钢丝绳端焊接问题或有弯曲（磨光焊接部位或钢丝绳端头重新制作）；(2) 提升机内有异物（打开提升机取出异物或更换提升机）。

22. 工作钢丝绳异常磨损

(1) 支撑组件磨损（更换支撑组件）；(2) 压绳机构磨损（更换压绳机构）；(3) 导绳块磨损、损坏（更换导绳块）。

23. 两项插座无电源

(1) 无零线（检查零线是否接好）；(2) 漏电保护器损坏（更换漏电保护器）。

4.3 施工实例解析

4.3.1 盘扣式脚手架施工案例

1. 工程概况

×××项目主要由 3 栋 41 层超高层、2 栋 32 层高层住宅楼及地下室组成，标准层层高均为 3m，总建筑面积达 16 万 m^2。

本工程以商业区、住宅为主，结构形式为短肢剪力墙结构；层高不高，荷载不大，不属于高支模架范畴，不需要专家论证。

1 号、2 号、3 号、5 号、6 号楼±0.000 以上标准层结构水平构件（梁、板）采用承插型盘扣式脚手架支撑体系。承插型盘扣式模板支撑体系是一种高度灵活的多功能支撑架，以立杆部件为基础，立杆上配置托盘，以连接水平杆件，使整个结构牢固稳定，立杆顶部配置可调顶托。

2. 承插型盘扣式支架检查与验收

进入现场的钢管支架构配件应有钢管支架产品标识、产品质量合格证，应有钢管支架产品主要技术参数及产品使用说明书。

本工程模板支架分别在基础完工后及模板支架搭设前、搭设高度达到设计高度后和混凝土浇筑前进行检查和验收；脚手架在基础完工后及脚手架搭设前、搭设高度达到设计高度后进行检查和验收，如图 4-74、图 4-75 所示。

本工程模板支架重点检查了支架基础、架体设计、搭设方法和斜杆、钢管剪刀撑、可调托座和可调底座伸出水平杆的悬臂长度，水平杆扣接头与立杆连接盘的插销应击紧至所需插入深度的标志刻度。

图 4-74　模板支架检查与验收要点

本工程脚手架应重点检查了立杆基础、架体设计、斜杆和钢管剪刀撑、连墙件、外侧安全立网、内侧层间水平网及防护栏杆。

图 4-75　脚手架检查与验收要点

4.3.2　外挂（吊篮）脚手架施工案例

1. 工程概况

本工程名称为×××大厦，由×××房地产公司开发，设计单位是×××设计院，施工总承包单位为×××，监理单位为×××监理有限公司。

本工程所使用吊篮系总包单位从××公司租赁而来，施工现场高处作业吊篮在安装进场前，设备产权单位提供相应等级资质证书交于工程监理单位、总包单位进行资料审核。

2. 施工前准备

吊篮进场根据场地大小，实际工程需求数量分批次进场；甲方提供场地及电梯，便于电动吊篮摆放、拼装、挪位及垂直运输等；由租赁单位派技术人员负责吊篮的指导安装、拆卸及日常维护。

建筑物底层至屋面层不允许有任何架子管、防护网等障碍物，主体结构施工单位设立在首层顶板的外围防护网应留出吊篮的位置，2～11 层防护网应拆除，便于吊篮上下运行时不受阻碍。由于建设单位总体进度计划安排要求先进行 10 层以下外幕墙施工，10 层以上结构同时进行。吊篮支架安装在 11 层，11 层顶板位置应做安全硬防护，防止高空坠物伤人，安全防护单独设立专项方案。

吊篮电源箱单独设立（380V）二级电箱，做到"一机一闸一漏一保"，吊篮自配的电气控制箱可视做现场的开关箱，现场的配电箱内接驳的吊篮数量根据现场吊篮电源线长度及负荷情况合理配置，现场吊篮专用配电箱和吊篮自配的电气控制箱严禁接驳其他用电设备。

3. 吊篮方案总体说明

所需吊篮为 ZLP 系列电动吊篮，2 号、3 号楼吊篮布置分别如图 4-76、图 4-77 所示。本工程需用电动吊篮施工，由吊篮公司提供电动吊篮，根据楼层高度配备相应长度的钢丝绳及安全绳。

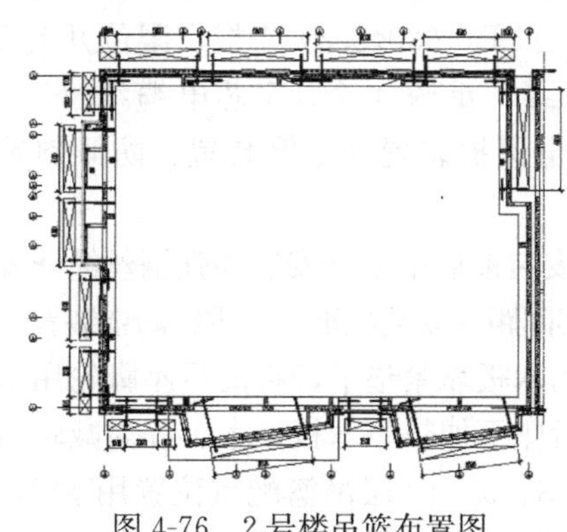

图 4-76　2 号楼吊篮布置图

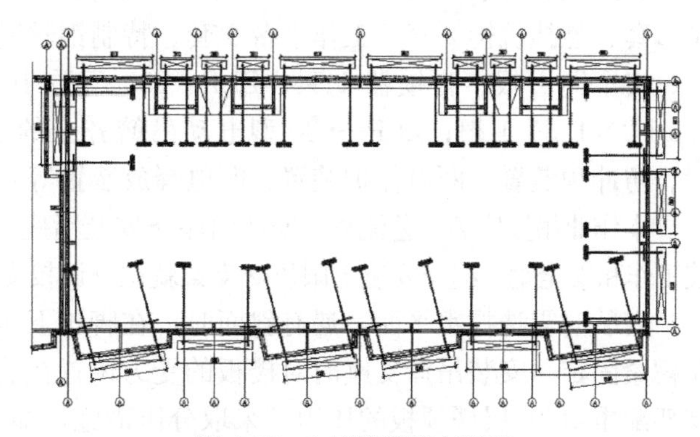

图 4-77　3 号楼吊篮布置图

由吊篮公司提供的每台电动吊篮配备 1 根单独的安全大绳和 1 个自锁器，安全大绳单独固定于屋面可靠部位（由甲方提供固定位置），不允许固定在吊篮支架上，吊篮上的操作人员必须系安全带，安全带挂系于和安全大绳相连的自锁器上。

根据建设单位总体进度计划安排要求先进行 10 层以下外幕墙施工，10 层以上结构同时进行。因此吊篮支架先安装到 11 层，主体封顶后，再将支架移位到楼顶。移位由专业技术人员现场指导，二次移位后，经验收合格后方可使用。

4. 吊篮型号选择及布置

本工程选用吊篮 ZLP-630 主要性能技术参数见表 4-6。

工程选用吊篮 ZLP-630 主要性能技术参数　　表 4-6

<table>
<tr><th colspan="3">名　称</th><th>技术参数</th></tr>
<tr><td colspan="3">额定载重量</td><td>630kg</td></tr>
<tr><td colspan="3">升降速度</td><td>8～10m/min</td></tr>
<tr><td colspan="3">悬吊平台长度尺寸</td><td>6m 内任意组合</td></tr>
<tr><td colspan="3">钢丝绳</td><td>特制钢丝绳 ϕ8.3</td></tr>
<tr><td rowspan="6">提升机</td><td colspan="2">额定提升力</td><td>7.84kN</td></tr>
<tr><td rowspan="5">电动机</td><td>型号</td><td>YEJ100L-4</td></tr>
<tr><td>功率</td><td>1.5kW</td></tr>
<tr><td>电压</td><td>380V</td></tr>
<tr><td>转速</td><td>1420rpm</td></tr>
<tr><td>制动力矩</td><td>15N·m</td></tr>
<tr><td rowspan="2">安全锁</td><td colspan="2">允许冲击力</td><td>30kN</td></tr>
<tr><td colspan="2">倾斜锁绳角度</td><td>3°～8°</td></tr>
<tr><td rowspan="2">悬挂机构</td><td colspan="2">前梁伸出长度</td><td>1.3～1.8m</td></tr>
<tr><td colspan="2">支架调节高度</td><td>1.44～2.14m</td></tr>
<tr><td rowspan="3">重量</td><td colspan="2">悬吊平台(包括提升机、安全锁、电器控制箱)</td><td>450kg(按 6m 计算)</td></tr>
<tr><td colspan="2">悬挂机构</td><td>336kg</td></tr>
<tr><td colspan="2">配重</td><td>1000kg</td></tr>
</table>

根据现场要求，共需约 40 台。单台吊篮设备组成：提升机 2 台、安全锁 2 把、电控箱 1 套、悬挂机构 2 套、工作平台 1 套、特制钢丝绳（ZLP—630ϕ8.3）4 根、限位开关 2 个、安全绳 1 根、自锁器 1 只、ZLP—630 配重 1000kg、重锤 4 个、5 芯电缆线（3×2.5＋2×1.5）1 根；ZLP—630 型电动吊篮齐全的安全保护装置（急停装置、防倾斜装置、防冲顶装置、断电保护装置、断电释放装置等）。

本作业吊篮安装工艺流程：安装前座→安装后座→安装前后中梁→安装加强钢丝绳→安装工作和安全钢丝绳→安装上限位→支架就位→调校支架间距→安装配重（配重物防盗装置）。

安装时需选择水平面，遇有斜面时，在脚轮下面用木板靠紧垫平，将前后座脚轮用木楔楔紧固定。安装吊篮支座时对楼板的受力位置在前后座下加垫厚木板，本工程为减轻后支架配重对 10 层楼顶板的压力，采取分压措施，即在 8、9、10 层吊篮配重位置用 ϕ48×3.5 钢管支撑 10 层楼板对应的受力位置。

前梁伸出端悬伸长度 ZLP—630 标准型为 1.3～1.8m 可调节。前、后座间距离在场地允许情况下，尽量调整至最大距离。张紧加强钢丝绳时，使前梁略微上翘 3～5cm，产生预应力，提高前梁刚度。

2 号、3 号楼的 11 层特定位置在剪力墙上打孔以便吊篮安装，孔口尺寸 150mm×150mm，还需在相应的位置打孔供斜拉钢丝绳使用，并在斜拉钢丝绳上面做防护，防止与墙面摩擦，具体按现场实际情况，如图 4-78 所示。

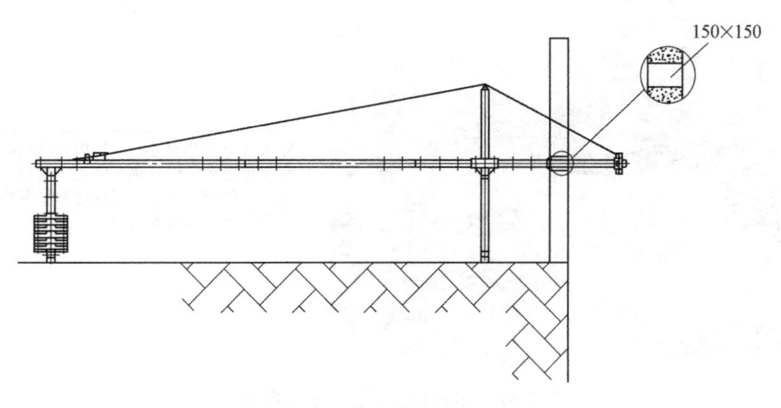

图 4-78　剪力墙开孔示意图

5. 高处作业吊篮检查与验收

本工程吊篮公司在吊篮安装完成并自验合格后，报监理单位、总承包单位，总承包单位组织吊篮安装单位、使用单位、监理单位进行联合验收，验收合格后方可投入使用，未经验收或者验收不合格的不得使用。

本工程高处作业吊篮针对悬挑机构、吊篮平台、操控系统、安全装置以及钢丝绳进行重点检查与验收，如图 4-79～图 4-81 所示。

悬挑机构的连接销轴规格与安装孔相符且锁定销可靠锁定，前支架受力点平整，悬挑机构抗倾覆系数大于等于 2，电气控制柜各种安全保护装置齐全、可靠，控制器件灵敏可靠；电缆无破损裸露，收放自如。

图 4-79　吊篮悬挂结构检查与验收要点

吊篮平台无明显变形和严重锈蚀及大量附着物，连接螺栓无遗漏并拧紧。安全装置安全锁灵敏可靠，离心触发式制动距离小于等于200mm，防倾3°～8°锁绳，独立设置安全绳，绳直径不小于16mm，安全绳与结构固定点连接可靠，行程限位装置灵敏可靠，超高限位器止挡安装在距顶端80cm处固定。

图 4-80　吊篮平台检查与验收要点

配重铁足量稳妥安放，锚固点结构强度满足要求；钢丝绳无断丝、断股、松股、硬弯、锈蚀，无油污和附着物，钢丝绳的安装稳妥可靠。

图 4-81　吊篮配重检查与验收要点